发现

徽州建筑

赵焰 张扬 著

合肥工业大学出版社

图书在版编目(CIP)数据

发现徽州建筑/赵焰,张扬著.—合肥:合肥工业大学出版社,2008.7
ISBN 978-7-81093-783-2

Ⅰ.发…　Ⅱ.①赵…　②张…　Ⅲ.古建筑—建筑艺术—徽州地区
Ⅳ.TU-092

中国版本图书馆CIP数据核字(2008)第105662号

发现徽州建筑

赵焰　张扬　著　　　　责任编辑　朱移山

出　版	合肥工业大学出版社	**版　次**	2008年7月第1版
地　址	合肥市屯溪路193号	**印　次**	2008年8月第1次印刷
邮　编	230009	**开　本**	710毫米×1000毫米　1/16
电　话	总编室:0551-2903038	**印　张**	16
	发行部:0551-2903198	**字　数**	313千字
网　址	www.hfutpress.com.cn	**印　刷**	中国科学技术大学印刷厂
E-mail	press@hfutpress.com.cn	**发　行**	全国新华书店

ISBN 978-7-81093-783-2　　　　**定价**:28.00元

如果有影响阅读的印装质量问题,请与出版社发行部联系调换

目录

发现
徽州建筑

引子

每一个历史的或传统的建筑群和它的环境应该作为一个有内聚力的整体而被当作整体来看待，它的平衡和特点决定于组成它的各要素的综合，这些要素包括人类活动、建筑物、空间结构和环境地带。全部有根据的要素，包括最普通的人的活动，都对建筑群有必须尊重的意义。

——联合国教科文组织《内罗毕建议》

地域似乎是有灵魂的。位于安徽省南部的徽州，是一个极具魅力的“场”，在人文意义上的洗礼之前，经历了最初的漫漫的混沌、莽荒期，然后于电光火石、风云际会中，得以造化成型，成为人类生息绵延的一个重要地域。这里富有自然资源和人文底蕴，北有名甲天下的黄山，南有绵延伸展的天目山，还坐落有我国四大道教名山之一的齐云山；群山环绕中，秀美的新安江穿流而下，峰峦叠翠，村落绵延，如诗如画。历史上，徽州长期领有歙县、休宁、黟县、祁门、绩溪以及婺源六县。安徽省名就是清初由安庆、徽州两府名的首字合成的。现在，作为行政区划意义上的徽州已不存在了，但作为一个地方文化圈的概念，它不仅包含着过去的“一府六县”，还包含着因徽州文化辐射而产生较大影响的一些地方。

地气淤积着、暗涌着，寻找着一个个风口、水口，然后喷薄而出。

千百年来，从这片神奇的土地上，走出了灿若繁星的历史文化名人，诞生了光彩夺目的徽州建筑、新安理学、新安画派、新安医学、徽州戏曲等，徽州人在众多领域创造了无与伦比的辉煌，徽州也因此有“东南邹鲁”、“文化之邦”的誉称。其中，徽州建筑是徽州的一大标志，至今这里还保存着数量惊人的古建筑，蔚为壮观：民居精致，祠堂高矗，牌坊肃穆，庙宇恢弘，宝塔摩天，古桥精巧，楼阁玲珑……在经历了许多人为破坏和岁月打磨后，幸存的徽州古建筑淡定地矗立着，展现的是惊心动魄的沧桑和精神意蕴的恒久。鳞次栉比的徽州建筑，犹如层层叠叠的藏经洞，隐藏了数不清的秘密和宝物，它们需要打扫、清理和保护，进而是重新的评估和发现。

千年古村呈坎一景

徽州建筑主要流布于古徽州的“一府六县”，在其周边的一些地方，如现在的黄山市黄山区、宣城市的旌德县、池州市的石台县等，也有着大量的徽州建筑。另外，附近的泾县、青阳等地的建筑，也受徽州建筑之风吹拂。如今留存下来的徽州建筑，大多是明清时期的，相对而言，在装饰上，明代的古建筑崇尚简洁明快，而清代的讲究精细繁复。古老的徽州建筑，不仅具有实用功能、旅游开发价值，还具有历史、文化、科技研究价值，以及审美和收藏价值。“白云芳草疑无路，流水桃花别有天”，岁月流逝无声，或许当初的徽州人自己也没想到，他们构建的安身立命之所，他们代代生养的温柔故乡，竟成了今天无数人寻寻觅觅的“世外桃源”与建筑标本。

对于徽州建筑，对于徽州的一切一切，只有从最根本意义上达到理解，才能做到胸有成竹、不慌不忙，也才不会负重而行或者莫衷一是。从今天来看，处在万山环抱中的徽州，盛产良材巨木，同时外出谋生的徽商积攒起了巨额财富，这些是徽州建筑大量兴建的物质基础。还

休宁万安老街

乡的徽商在大兴土木时，一面引进了很多外地建筑人才，一面也培养起了徽州大批的能工巧匠。另外，南宋迁都临安以后，东南地域的文化相对发达，也在一定程度上给徽州建筑创造了较好的文化环境。正是依托雄厚的经济实力和深厚的文化底蕴，加之徽州人根深蒂固的传统观念、独特的审美品位、精细的做事习惯，徽州建筑才形成了一定的规模、特色。

如果说建筑是灼灼花朵的话，那么地理、人文则是其充分汲养的土壤。作为中国古代社会后期一种成熟的建筑流派，徽州建筑是徽州人的智慧之果，是徽州社会、文化乃至中国历史进程的必然。徽州建筑是地域文化的重要标志，也是地域的精气神所在，它们与山川、河流、田地、道路等融合在一起，构成了徽州整体上的优美、和谐景象。

古民居
Faxian huizhou jianzhu

婺源晓起村一景

第一章 古民居

一 星罗棋布

“一生痴绝处，无梦到徽州”，是明代著名戏剧家汤显祖的诗句。汤显祖在晚年时，应休宁一个徽商的邀请，为圆梦徽州，来到徽州游玩。到了徽州之后，原先对徽州有点不屑的汤显祖惊呆了，他没有想到，世界上还有这样好的地方。汤显祖的感受实际上是每一个走进徽州人的感受。在徽州，建筑与自然是那样的和谐生辉。从高空俯瞰，青山绿水中，总有黑白相间的老房子或隐或现，这里就像一幅幅清新淡雅的水墨画长卷，同时，也像一座露天的古代建筑博物馆。

清康熙五十七年（1718），侨寓扬州的徽州盐商程庭回歙县岑山渡省亲，他是第一次回到自己的老家，这次省亲，给他的印象太深。在他随后所著的《春帆纪程》当中，程庭记下了所看到的新安江两岸的美景：

> 徽俗士夫巨室多处于乡，每一村落，聚族而居，不杂他姓。其间社则有屋，宗则有祠……乡村如星列棋布，凡五里、十里，遥望粉墙矗矗，鸳瓦鳞鳞，棹楔峥嵘，鸱吻耸拔，宛如城郭，殊足观也。

徽州民居

程庭看到了歙县岑山渡附近的雄村。这是徽州一座有名的村落。这个村落风景优美异常，清澈的新安江从它的旁边流过。在江边,有一片茂密的桃树林格外引人注目,在桃花盛开的日子,一片姹紫嫣红。在长达上千年的历史中,这里一直人才辈出。其中名宦当首推清代的曹文埴、曹振镛父子尚书。有了这两位朝廷的大官,雄村当然"所在为雄"。有一位名叫曹元宇的雄村游子曾作了一首《题雄村图》,对乡土故园作了颇为自得的描述:

练江蜿蜒村前绕,上接岑山下义城。
竹为饰山疏更密,云因护阁散还生。

雄村只是徽州的一个普通的村落。可以说,徽州的任何一个村落,都是这样的如诗如画,藏龙卧虎,并有着悠久的历史和动人的传说。

著名的黟县西递村,是"世界文化遗产"之一。从高处俯瞰,西递的古民居群呈现的是一只船形。西递村的名字由来,与"东水西递"有关,村边的溪水不向东,却向西流去。也有一种说法,认为这里是古代交通要道,设有递送邮件的驿站,所以取名"西递"。

据徽州西递《胡氏宗谱》记载,现在西递大族胡氏原本是唐代皇族的后裔。公元 904 年,唐昭宗李晔受梁王朱温的威逼,被迫从长安迁都洛阳。仓皇之间,到了河南陕州,皇后何氏生下一个男孩。李晔深知此去洛阳凶多吉少，于是命令何氏将婴儿用帝王衣服包裹起

山清水秀的新安江

来，设法藏匿民间。当时，歙州婺源人胡三正在陕州做官，为了替李晔分忧，胡三便丢弃官职，接纳下皇子，悄悄潜回了家乡婺源。公元907年，朱温篡位，自立为梁朝，李晔一家全部被杀，唯有逃离虎口的皇子幸免。而在婺源，胡三将皇子改姓为胡，取名为昌翼，昌是吉祥平安，翼为翅膀，意思是平安地飞离了虎口。

后来，胡昌翼长大成人了。按照一般故事的延续，下半部分就是李氏孤儿知晓家世，然后报仇雪恨什么的。但似乎是，什么也没发生，故事便戛然而止。胡昌翼后来虽然知晓了自己的身世，但什么行动也没有，他选择了一条耕种陇亩、研究经学的人生道路，一辈子再也没走仕途，只是娶妻生子，终老婺源。一直到胡昌翼五世孙的时候，其中一支由婺源转到了西递安居。可见，胡昌翼是西递胡氏的第一世祖。

西递就这样诞生了，它有了自己的历史。而更多的徽州村落，也就是在战乱和悲愤中产生了。徽州早先是山越人生活的地方，后来由于中原战乱，士族颠沛流离，不断迁入。在徽州历史上，曾经历过东晋、唐末和南宋三次人员大迁徙。这些迁移来的中原人反客为主，最终成为徽州民居、村落的主要建立者。

当初，外来移民多举族迁移，又聚族而居，保持着严密完整的宗族组织形

西递民居

式。徽州历史文献中记述道，“乡落皆聚族而居，族必有谱，世系数十代”。一村一姓，世代相延。比如郑村为郑氏世居，棠樾为鲍氏世居，唐模为许氏世居，潭渡为黄氏世居，蓝田为叶氏世居，西递为胡氏世居，宏村为汪姓世居，上庄为胡氏世居，汪口为俞氏世居，等等。随着人口繁衍，徽州人世居的村落发展到一定规模，呈饱和状态，于是开始分支、“裂变”，族中某一支或若干支独立而出，寻找新的山头水口，建立新的居所，新的居所逐渐发展，又形成新的村落，由小而大，然后再分裂、生成，循环往复。徽州的宗族及分支，好比汩汩流淌的新安江，由发源地的涓涓细流，到激流飞湍的滚滚江水，绵延不绝，源远流长。

徽州村落的发展同样也是经济发展的见证。从南宋到明中叶300多年，是徽州社会稳定发展时期，也是徽州民居、村落稳定发展时期。耕读文化成为这一时期徽州的主流文化，使得徽州民居显得朴素、家常，具有浓郁的田园风貌。到了明中叶至清中叶这一阶段，是徽州经济文化勃兴鼎盛期，徽州民居、村落发展盛极一时，规模空前。据记载，徽州“每逾一岭、进一溪，其中烟火万家、鸡犬相闻者，皆巨族大家之所居也。一族所聚，动辄数百或数十里”。徽州一度成为江南富饶之地，村落人口超过一千人的比比皆是，而在人多地少的徽州，当时出现这样的“千丁之村”，的确罕见，即使按照今天的农业生产力条件测算的话，也是惊人的社会景象。

徽商，无疑是徽州村落发展中起着决定性的推动力量。文化的繁荣和兴盛是离不开经济基础的，对于徽州来说，近古时代徽商的崛起，造就了徽州经济的空前繁荣，也成就了徽州文化的辉煌，而这一点，最直接地体现在徽州建筑上。

徽商的兴起仍是时势的产物。随着农业社会的进程，社会也随之发展和变化，明中期之后，中国东南部经济的较大发展，城镇日趋繁荣，传统的自给自足的经济状态发生了一些变动，其标志应该是：以

西递民居一景

西递大家族的三连门

贩运奢侈品和土特产品为社会上层集团为主的商业，向贩运日用百货、面向庶民的商业转化。在这个过程中，徽商正好以一种匪夷所思的方式，登上了商业的大舞台，并且起到了举足轻重的作用，叱咤经济风云。从明朝中叶的完全兴盛后，徽商的发达一直持续了 300 多年，形成了中国历史上的一个奇迹。

关于徽商的成因，专家学者一直有各式各样的推论，但一个共同点就是，徽州的地理和自然环境是徽商兴盛的一个重要原因。徽州靠近江浙发达地区，外面致富的机会多，而当地人多田少，有着发展经济的局限性，因此被迫走向山外的广阔天地；同时，徽州人大都来自中原，在骨子里，就有闯世界的血性。

当年徽商的去路主要有四条：一是东进杭州，入上海、苏扬、南京，渗透苏浙全境；二是抢滩芜湖，控制横贯东西的长江商道和淮河两岸，进而入湘、入蜀、入云贵；三是从大运河北上，往来于京、晋、冀、鲁、豫之间，并远涉西北、东北等地；四是西进江西，沿东南进闽、粤，有的还以此为跳板，扬帆入海去日本从事对外贸易。

徽商的经营范围先是本地生产的茶叶、木材和文房四宝，尔后贩卖外地的粮食、棉布、瓷器等，然后再是“货无所不居”。在明代，最大的徽商已拥有百万巨资，超过 1602 年荷兰东印度公司最大船东勒迈尔的实力；在清代，徽商的商业资本已激增至千万两白银之巨，其经营的资本金

西递民居上的花窗（漏窗）

西递村二品官的私人住宅门楼

额度，已达到了当时商业的巅峰。

但在当时，由于积累起的财富得不到更好地运用，很多徽商们只好重归故里，将大量商业利润，转移回了老家，用于购置土地、建造房屋，力求让自已的子孙们科举入仕，获得功名。于是，那些雕梁画栋的徽州建筑就这样一幢幢地耸立起来了。

在黄山市徽州区唐模村的檀干园，有很多楹联层出叠见，其中一副长联可以说是充分地表达出了当地人的居住理想：

春桃露春浓，荷云夏净，桂风秋馥，梅雪冬妍，地僻历俱忘，四序且凭花事告；

看紫霞西耸，飞瀑东横，天马南驰，灵金北倚，山深人不觉，全村同在画中居。

可以想象的是，在外漂泊奋斗的徽州人，一旦回到山清水秀的家乡，环绕身边的是鲜花、小鸟、野草、池塘，这样的情景，他们将感到何等的心花怒放、轻松愉快！对于衣食无虞的徽商来说，生活在这样的“桃花源”中，实在是人生的最大快事。

黄山市徽州区唐模村

唐模水街

唐模生态景区小西湖

黟县民居

再说西递村，在这个具有代表性的徽州村落的历史上，最具有代表性的人物叫胡贯三，他是胡姓第 24 世祖，清朝道光年间人。据记载，胡贯三曾经营有 36 家典当行和 20 余家钱庄，遍及长江中下游地区各大商埠，资产折白银 500 余万两，财产居于江南巨富第六位。胡贯三在发了财回到故里后，同样也是大兴土木。

到了明朝，西递进入了一个高峰。从 17 世纪到 19 世纪的大约 200 年里，西递胡氏宗族的发展达到了鼎盛时期。鼎盛时期的西递，有 600 多座宅院，99 条巷子，90 多口水井，人口大约有 1 万人，比今天的西递人口还要多上 3 倍。可以想象的是，当时那么多的胡姓之人聚集在这块地方，烟火肯定是相当旺盛的。伴随着人口高峰，当时的住宅建筑也达到高峰期。那时西递的建筑，多为前店后铺、前铺后户的传统格局，直街与横路街交错延展，车水马龙，人流如潮。

以宗族血脉关系为纽带，经过数十代繁衍而成的西递，是众多徽州古民居群落生成、发展的一个样板。斗转星移，岁月更迭。如今，遗存下来的徽州古民居，属于明代的数以千计，而清代的要数以万计。徽州著名的古民居群落有西递、宏村、唐模、南屏、关麓、呈坎、昌溪，等等。世界文化遗产——宏村、西递古民居群，就有保存完好的明清古民居 440 多幢，实属其中的佼佼者。有着“歙南第一村”称号的歙县昌溪古村，自明代所建的西静庵起，到村北海瑞手书的“务本堂”界止，形成一条长达 3 公里的古建筑群，其中古民居就有 800 余幢。位于黄山市徽州区的潜口民宅，设有“明园”和“清园”，当地人采取原拆原建的方法，将散落在附近的明清建筑，如乐善堂、曹门厅、方文泰宅等集中在一起，形成了古建筑群，也是了解徽州民居等建筑特色的一个窗口。

千年文化古村呈坎，在解放初期，有明代民宅 43 处，其中有多座是豪宅。像罗会泰宅，又称老虎洞，整个建筑高大精美，宛如古堡，它是两层楼结构，呈正方形，楼底层高达 6 米，有两层梁架，斗拱硕大，冬瓜梁粗壮不亚于该村罗东舒祠堂内的同样构建，楼层还铺有地砖用来防火，水圳从厨房经过，有利于饮用水和防火。罗会泰宅虽然仅是两层建筑，但整个建筑高度比现代三层楼还高。两院院士、著名建筑学家周干峙 1995 年在呈坎考察时，看到许多高大雄伟的两

呈坎村管窥

呈坎明代老屋

层楼，曾给予了很高的评价。

全世界第一个，也是唯一建置在海外的古徽州建筑“荫余堂”，原坐落于休宁县黄村，因为一个文化交流计划，由美国有关方面斥资1.25亿美元，经过7年研究、施工，漂洋过海，“移民”到美国，这栋老房子建于清康熙年间，由黄姓富商建盖，先后有8代黄家子孙居住，拥有16间卧室，以及中堂、贮藏室、天井、鱼池、马头墙等，在搬迁过程中，拆下的砖木石件达1万多件，被装上40个国际标准货柜，运至波士顿，在美国最古老的13家博物馆之一的皮博迪·埃塞克斯博物馆得以重建、展出。

10多年前，对乡土建筑有过精心研究的清华大学建筑学院教授陈志华，曾对黟县的关麓作过深入的考察，在与十几位专家教授详细绘制全村古民居分布图时，陈教授发现：关麓村中的古民居群落竟然呈“九龙戏珠”之势！这一发现，让他非常兴奋。在关麓，同样也遗留有许多很有价值的古民居，其建筑式样大同小异，或者说基本能代表徽州各地流行的传统住宅。这个村的核心建筑，为“八家”住宅，以清代著名书画家汪曙故居“武亭山

徽州一景

居”为首，自北向西依次为“涵远楼”、“吾爱吾庐”书斋、“春满庭”、“双桂书屋”、“问渠书室”、“安雅书屋”、“易安”小书斋。这极具特色的“八家”建筑，是一户徽商兄弟八人所建的，外观上八座宅院各自独立，自成单元，每栋宅子都有自己的天井、厅堂、花园、小院，而实际上楼与楼之间，都有门户走廊互相连接，相互沟通，如同一体。这样一来，既可以防备兄弟不和时出现尴尬，更可以联手抵御外族外姓的侵犯。封建社会中强大的宗族观念和势力，由此可见一斑。可惜的是，八家建筑没有很好地保存下来，现有的只是其中的一部分。

经历上千年的发展演变和多少代人的艰辛努力，徽州终于形成了民居星罗棋布、村落远近相望的景象。徽州古民居的数量之多，规模之盛，风格之突出，品位之高，是中国其他地方所难以媲美的。一般来说，古民居是指古时遗存的、相对于“官式做法”的民间居住房屋，它与宫殿、府邸、坛庙、陵园等建筑不同，主要满足生活以及生产上的需要，其功能、形式、构造和用材相互适应，巧妙结合。北京、陕西、山西、云南、贵州、四川等地民居各有不同的地域特色和风格。而安徽民居，主要是以徽州民居

歙县徽园

全国重点文物保护单位“老屋阁”，
位于黄山市徽州区西溪南村

绩溪胡适故居

为代表。可以说，徽州古民居是中国传统民居中的一座高峰，它深深根植于优美的新安山水和厚重的徽州文化，同时也映照了纵横商界数百年的徽商风采；徽州古民居是人文与自然相融合而开出的奇葩，是一卷卷古代风情民俗画，有着浓厚的书卷气和薪火相传的烟火气，它为祖祖辈辈的徽州人所认同，并不断地相互影响、适应。

清中叶以后，徽州民居、村落逐渐走向衰落，经历着兵燹等天灾人祸的毁坏。清光绪年间，画家黄宾虹从浙江返回歙县老家郑村时，就慨叹今不如昔、凋敝不堪的情景。而我们今天所看到的徽州古民居，仅是劫后余生的一部分。

在绩溪上庄一个普通的清代民居里，胡适度过了他的童年，前后生活达 11 个春秋。1904 年，胡适冒着寒风走出上庄，十几年后，他奉母命回乡完婚，之后是奔丧。最终他渐行渐远，再也没有回来过，“故园东望路漫漫，双袖龙钟泪不干”，不仅仅是头顶三十六冠博士帽的胡适，也不仅仅是一代红顶商人胡雪岩，在众多的徽州人心目中，徽州的乡居老屋，就是那一湾载不动的乡愁，是魂牵梦绕的故园家国。

二　枕山环水

徽州到处是茂林修竹，潺潺的流水，而众多特色的徽州民居，宛如散落其间的粒粒珍珠，精气内蕴，融有山光水色。如果说徽州是一株千年银杏树的话，那么，徽州民居就是这株银杏树上悬挂的粒粒果实。

宋代郭熙在《林泉高致》里写道："黄山向晚盈轩翠，黟水含春傍槛流。"清代尚书、徽州人曹文埴在描述自己的家乡时说："青山云外深，白屋烟中出。双溪左右环，群木高下密。曲径如弯弓，连墙若比栉……"在这些充满诗情画意的"家园图"中，我们不难发现，环绕房前屋后的离不开山水，有着背山朝阳的沉稳与临水远眺的空旷。

徽州为山冈丘陵地貌，溪流水塘遍布，徽州的古民居与山清水秀的环境是合而为一的，仿佛天然绘就的中国泼墨山水画，写意而自然。今天，来这里的外

宏村

地游客，沿着山路或者是水流，曲曲折折地前行，不期然地，眼前就会现出一幢百年的老房子，有曲径通幽、柳暗花明的感觉。

但在具体建筑选址上，徽州古民居则是讲求工笔画的精雕细琢，讲究因地制宜，有的在山坞隘口交通要道旁，有的在河口、渡口以及河流冲积扇地，呈现出依山傍水、随形就势的格局。有史以来，徽州人一直追求理想的人居环境、山

婺源汪口古村全景

水意境和生态文明。徽州人选择自己的居所，讲究枕山、环水、面屏、朝阳，而这也集中体现了徽州的地域特征和历史上徽州人的风水意识、价值取向等。在很大程度上，风水是为了满足人们心理需求的。

徽州民居虽然枕山环水，但不能开门见山，所谓的面屏，也就是要建造照壁。受风水意识的影响，古代人在房屋等建筑门外或门内建造一堵独立的墙，起到挡风、遮蔽视线的作用。民间风水讲究导气，但气不能直冲厅堂或卧室，否则被视为不吉。徽州稍大一些的古民居，都设有照壁，照壁上装饰有砖雕，内容大多都是吉祥的花鸟、灵兽等，寄托着人们的一些愿望。

徽州号称五千村。从整体上说，村落的居民几乎都是从中原迁徙而来，千里迢迢来到新安江沿岸，为的就是休养生息。村落在选址和建设上都很谨慎，基本的原则就是满足自给自足自然经济之下的农业生产和生活。首先着眼于土地、水源、山林，着眼于小气候，安全，防灾。从新安江两岸的环境来说，这些似乎都不是问题。在此基础上，村落选址和建设还强调美学意义，以及牵强附会的神灵意义。

农耕社会中，人们总是把吉凶祸福归因于各种神祇和自然力量，于是，人类产生了对于自然力量的崇拜，在这种崇拜中，山川的形状首先被附会成世事兴衰的原因。于是，堪舆风水应运而生。在徽州，风水先生一般叫做“罗经师”或者“阴阳先生”，他们最关注的一般

黟县屏山村

有两点:一是环境的领域感。领域感能培养村民的归属意识和安全意识,有利于培养宗族的凝聚力、向心力。一般情况下,一座村落,背后要有祖山、少祖山,前面要有案山、朝山,左右要有连绵的山峦,一般叫护沙或左辅右弼。村址四周的山岭一般呈闭合形状,大体要有中轴,景观要近于对称,并且,山形要有层次。这样的要求,实际上是在隐喻或暗示着衙署的公堂,希望子孙能走正途。二是村址附近最好有圆锥形的山峰,以在村子东南方,即巽方最好。尖尖的山峰一般就叫文笔峰或者卓笔峰,主文运;如果有整齐的一排山峰,就会叫笔架山。一座村庄,如果倚临文笔峰或者笔架山,那就比较理想了。如果环境不很理想,也可以通过人工方式来补救,如用庙或者亭来补缺,用塔来取代文笔峰,改称文峰塔等。另外,凡有文笔峰的村子,在村前面对文笔峰的地方,要有一口天然的或人工的池塘,称为砚池,文笔峰投影于其中,叫做“文笔蘸墨”。这样的安排,目的是为了激活村落的文气。同时考虑到,圆锥形的山峰是“火形”,怕引火进村

掩映在绿树翠竹中的徽州民居

宏村南湖石板路

闹灾，所以要用水池消解。

风景秀美的黟县宏村，背靠古木参天的雷岗山，前含波光潋滟的南湖，傍依碧水萦回的浥溪河。宏村始建于南宋绍兴元年（1131），为汪姓聚族而居之地。这里山水俱佳，是块风水宝地。所以，当中原移民、富绅，汉末龙骧将军汪文和的后代、汪姓66世祖汪彦济前来察看时，当即决定在这里定居了。起初，他在雷岗山下建了一座号称“十三楼”的房子，一家老小都住在里面。后来随着人丁增加，村子便不断扩大，形成了几百户数千人的规模。

尽管宏村依山傍水，人口有所增加，但在长达300年的时间里，却不断遭到火灾的侵扰。在这种情况下，宏村人觉得有必要请一个风水师来指点了。

对于风水，宏村汪氏当然是重视的。其实不仅仅是汪氏家族，每个徽州家族都有着浓郁的风水观念。自元代之后，全国风水文化的中心就从江西的赣州转移到徽州。明清时期在江南乃至全国，拿着罗盘神秘兮兮看风水的，不少是徽州人,尤其是徽州婺源人。在这些风水先生当中,较多的是落第的文人。他们仕途不顺,于是便研究《周易》,研究堪舆地理之学。从中他们也找到了自我存在的价值,找到了谋生的手段。

宏村人请到的是休宁县城海阳的风水师何可达。何可达在当时的徽州非常有名,徽州不少村落都是由他来设计的,包括歙县的唐模村。

何可达来到了宏村,先是跟宏村的居民大谈了一番风水理论,比如“商家门不朝南,征家门不朝北”之类,因为商属金,南属火,火能克金,故而不吉利;征属水,水克火,也不吉利。商、征,实际上都是徽州商人、移民的代称。然后,何可达又说了一通墓地选择的要素,他引用了程颐所说的“五患”。“五患”是什么呢?就是在选择葬地时,使该地他日不为道路,不为城郭,不为沟池,不为贵势所压,不为耕地所及。何可达还搬出了朱熹的一套理论:坟地要“安固久远”,“使其形体全面神灵得安”,如果“择之不精,地之不吉”,那么“子孙亦有死亡灭绝之忧”。

宏村民居中的美人靠

风水师何可达宣扬了一番大道理后，便开始行动了。他手里拿着一个万安罗盘，在宏村和附近的山野里东测一下，西测一下，然后就回家去了。过了很长时间，何可达又来到宏村，给宏村人弄出了一个方案，这个方案是仿照“牛”形设计的。牛是农业社会的图腾，当时的人们认为把村庄建设成为牛形，日子会平平安安、和和美美的。另外，农业社会里的人谁不喜欢牛呢，住在牛形村庄里，他们会觉得踏实、亲近。于是，宏村便按牛形来布局、建造了。

根据何可达的指点，以及民间“花开则落，月满则亏”的传统说法，村民在村中那口仅有的天然泉眼处，掘出了一块半月形的水塘，取名为“月沼”，然后水接上游，引着西溪活水，南转东出，在各家各户门前流淌，经过月沼，最后流回溪水下游，这就是九曲十弯的水圳，像一条血脉一样，活跃了整个村落。村人还筑石成坝、设置水闸，以控制水势，水闸是水圳的入口，也是全村的水系之首。这样一来，山涧之水便顺坡而下，潺潺而流，四通八达，从每户人家的门口经过，不仅方便了居民的生活，而且有利于民宅的防火。对此，清代诗人、新安

宏村月沼

名士胡成浚赞道："浣汲未妨溪路远，家家门巷有清渠。"而当初，村规民约对村人使用水圳作了严格的规定，比如不得倾倒垃圾、污物，洗涤食物和衣物都有规定的时辰等。

此后的漫长岁月里，宏村人仍照着何可达的规划，进行填充、扩展。到了明朝万历三十五年（1607），由于宏村人口的增加，村中月沼蓄存的"内阳水"，已远远不能满足当地人的使用需求了，宏村人又集资倡导，将村南百亩良田凿深数丈，四周砌石立岸，建成南湖，这是宏村800多年来水系建设的"高潮"。建成的南湖呈大弓形，弓弦处即湖内侧，铺了青石板路，其附近建有民居房屋；弓背部即湖的外侧修了两层湖堤，上层有几丈宽，铺石板、嵌卵石，下层则栽植杨柳，每隔丈五远，各种红杨、翠柳一株。南湖是宏村的水系总汇之所，聚集着全村水圳和月沼下泄之水，它的兴建，补足了村落背山面水的需要，完成了"水口"的建设。其间，宏村人不断进行道路、水系、建筑、绿化的综合性建设，临湖先后修建了祠堂、书院、宅院、绣楼等等。

此后，宏村人又在村西虞山溪上，架起了4座木桥。在村口，种植了两株树，一株为红杨，高20多米，枝丫似伞，盘曲交错；另一株为银杏，树状如剑，直刺天穹——至此，一个所谓的牛形村落形成了。从宏村水系结构上看，整个村落的水圳、池塘等刚好构成一个类似于牛的消化系统的形状。"山为牛头树为角，桥为四蹄屋为身"，雷岗山宛如水牛昂首，参天大树恰如牛角峥嵘，跨溪的几座桥犹如牛腿奋蹄，傍着泉眼挖掘的半月形的月沼好似"牛胃"，涓涓流向各家各户的水圳好比"牛肠"，而当地人还根据水流的粗细，将月塘以上部分的水圳称作"牛小肠"，月塘以下部分称为"牛大肠"，至于村南的

休宁县万安镇艺人吴水森在刻罗盘

南湖就是"牛肚"，而众多的古民居，则成了"牛身"。

就这样，一个美丽宁静的乡村，像一幅巨大的山水画一样，在长达1000多年的时间里，经过一代又一代的画笔，慢慢成型，趋于完美。如今的宏村尚有居民300多户1000多人，村子里保存完好的明清古民居达140多栋。2000年，联合国教科文组织将其列为世界文化遗产。今天的人们大都认为，宏村最大的特色，在于牛形水系设计，它不仅仅便于居民生活用水、农田灌溉，而且还有着预防火灾、美化环境、调节气候作用。一些中外建筑学家感叹：在400多年前，徽州人能够建造出这样的水系，把水源及其周围的一切安排得如此合理、巧妙，为世界所罕见。

离宏村不远的黟县屏山村，其布局也是风水观念的集中体现。这个位于黟县东南部旧时称为九都的小村，正对着两座山，用当时民间风水的说法就是，左为青龙，右为白虎，左边山稍高，青龙高于白虎，这在风水上是一个好兆头。屏山村的前方有一排整齐的山峰，是标准的笔架山。在村口，原先有一个很大的人工湖，叫长宁湖，跟宏村的南湖一样大。这样的湖，明显的就是为了消解文笔峰的"火形"而建造的。只是到了后来，被填平造田了。

在村落的建设中，对水的流向也很有讲究。按风水的要求，水流最好是从西北角引进村落，从东南角出村，"山起西北，水归东南，为天地之势也"。屏山村的水流方向同样也是如此。屏山村的水系安排也体现了构建的匠心独运。当年屏山村的布局和建设，丝毫不亚于现在著名的宏村与西递，甚至比它们更胜一筹。从黟县屏山村流过的吉阳溪，是横江的另外一条支流，吉阳溪从村中流过，呈现出“S”形，村落散落在河水的两边。这样的水流就像是八卦太极符号当中的一条线，有着神秘的意味和吉祥的意蕴。现在，屏山村水边的石阶不时传来村妇浣洗的棒槌声，十余座各具特色的石桥横跨溪上，这样的情景，真是名副其实的“小桥流水人家”。

屏山村坐落的数百间古民居，其中只有一幢房子朝着正南，其他的则稍有偏向，有的干脆就是朝北。而这种情况，在徽州古民居中可谓比比皆是。即使受到条件的限制，不得不向南开设时，也要想方设法开偏一点，哪怕只开成一道斜门。歙县渔梁有一处宅子坐北朝南，面向紫阳山，门前流经一条河流。由于受地基的限制，宅门正对着紫阳山上的一块怪石，在风水师眼里视为不吉利，于是不仅将宅门的门向作了偏斜，还在门前设置了一块“石敢当”，以为镇邪。位于屯溪26公里处的呈坎，被朱熹赞誉“江南第一村”。呈坎是按照“易经”里的“阴（坎）阳（呈）二气统一，天人合一”学说布局的，依山傍水，形成二圳五街九十九巷，宛如迷宫。这里的古民居，门一律开在东面。而休宁县的茗洲村民居大门，则全部开向北面。

绩溪湖村民居

对于古代民间盛行的

风水学说，今天的人们需要唯物地、辩证地分析、看待，这当中有荒谬、迷信的糟粕，也含有不少值得重视与借鉴的经验和科学的成分。长期以来，风水被一些民间的风水师罩上了迷信、愚昧的外衣，使得本来具有朴素科学原理的古代环境工程的经验总结，变得扑朔迷离，甚至成为骗人的把戏。英国学者李约瑟在其著作《中国之科学与文明》一书中指出："风水包含着显著的美学成分，遍中国的农田、居室，乡村之美不可胜收，皆可借此以得说明。"而从根本上来看，影响徽州民居、村落等建筑的风水观念，强调的是意义，着重于人与建筑、人与环境之间的关系。徽州人费尽心思地卜地为居，建造房屋，在骨子里是想追求人与天、自然与社会、肉体与精神的和谐统一。而反过来思考，烟树葱茏之间，栉比而立的徽州古民居，当然是徽州人意识和思想的体现。

在古代徽州民间风水意识中，尤其注重"水口"，水口不仅是村落重要的组成要素，同时也是村落文化内涵的重要体现。一般来说，进入到水口边上，也就是进入该村的地界了。徽州村落中水口的建设，可视为一方门户的建设。所谓水口，指的是古村落所具有的水源流出、流入的地方。大凡百年以上的古村落，都拥有精心规划设计的水口，水口一带，往往是一个村落风景最优美的地方，也是古村落的咽喉，这里往往植"水口树"，如樟树、松柏、楠木等，还建有亭、塔，等等。歙县棠樾村的水口设在村落的东南角，也就是八卦中的巽位，但因为这里地势比较平坦，为了增加气势把住水口，人们在水口旁砌筑了七个高大的土墩，称作七星墩，墩上种植有大树，以屏风蓄水。

江南多水，也多情多柔。临水而居，与水朝夕相伴，是徽州人在生产与生活上的选择，也是在精神层面的诗意追求。水，是生命的源泉，也是财富的象征。徽州人不仅视水口有着出入口的功用，还将水口与他们的命运、前程等联系在一起，注重从文化上甚至是从"天理

歙县许村

上”，去寻找并赋予自己的居所以哲学意义。

歙县许村的形状，像一只临水的葫芦；绩溪湖里村好似新安江边的一尾鲤鱼，石家村道路纵横规整，布局形如棋盘；黟县的宏村，则是模仿农业社会的吉祥物牛的形状来设计的；婺源的汪口像水面上的一面荷叶；泾县黄田的洋船屋则是一艘高歌猛进的船；旌德的江村坐落在金鳌山下，像一个巨大的鳌……至于曾被朱熹称为“徽州第一村”的呈坎，则是按照《易经》里的“阴（坎）阳（呈）二气统一，天人合一”学说布局的，依山傍水，形成二圳五街九十九巷，宛如一幅玄妙的八卦图。

世界上也许没有任何一个民族，像中华民族那样热爱和寄情山水了。山水成了中国人最重要的精神支柱之一，它不仅仅是生活上的，更有着哲学上的意义。这种天人合一的思想，一直伴随着中国人

的身前左右，使得他们在遇到挫折和烦恼时，增添生活的信心和勇气，同时也使得他们在内心深处找到精神安慰。

三　美学意蕴

徽州是我国古代思想家、理学家朱熹的家乡。自古以来，徽州就对“程朱理学”非常推崇，并身体力行。包括民居在内的徽州建筑，其审美的核心就是“礼乐”，体现了传统的人伦秩序、道德观念，讲究尊卑有序，内外有别。徽州古民居朴素淡雅的建筑色调，别具一格的山墙造型，紧凑通融的天井庭院，奇巧多变的梁架结构，精致无比的雕刻装饰，古朴雅致的室内陈设等，可以说，都深深地渗透着中国传统文化的理念和美学观念。

徽州一些大的民居建筑上，采用了大屋顶脊吻，这沿袭的是宋代官式营造法，大屋顶脊吻有正吻、蹲脊兽、垂脊吻、角戗兽、套兽等，除了装饰需要，还附会了不少神话传说。徽州民居是点、线、面的巧妙组合，而黛瓦、粉壁、马头墙这三者，应该是徽州古民居外部造型的三大特征了。这三大特征，决定了徽州古

徽州民居屋顶的灰瓦

徽州民居高墙上的小窗户

徽州民居中有着“一线天”的建筑空间，高高的马头墙矗立其间

民居有着强烈而独特的审美视觉，初来乍到徽州的人，第一眼看过去，就会被徽州古民居的外在形象所吸引。

人们常说，建筑是凝固的音乐。而呈现在人们面前的徽州古民居，多随地形自然起伏，远远望去，错落有致，恢宏壮观。而满眼的黑白相间、光影交错，更有一种强烈的、优美的韵律感。那鱼鳞似的灰瓦、高高的白墙，就是跳动的音符。在当地被称作“五岳朝天”的高低错落的五叠墙或马头墙，以其抑扬顿挫的起伏变化，体现了徽州民居的独特韵律美，在蔚蓝的天际间，墙头轮廓分明，空间层次丰富，给人的感觉就像由箫或者是古筝奏出来的乐曲，余韵悠长。

徽州古民居的外墙是用砖砌成的，表面涂抹白石灰，因为风雨的侵蚀，原来洁白的石灰外墙慢慢成了灰色，青色小瓦也变得墨黑起来，无形中增添了岁月的沧桑感。在整体色彩效果上，徽州古民居以黑、白、灰的层次变化，组成统一的建筑色调，显得清新素雅。而连成一片的黑白相间的古民居建筑群体，也使人联想到太极图的阴阳鱼，既单纯得一目了然，又神秘得高深莫测，表现出历史悠久的东方美学“道法自然”的文化意蕴。

徽州古民居在材质上的选择，又加深了这种美学效果。在徽州，不管是普通民宅，还是富豪大院，一律以材质的自然美，营造出平易感、亲切感，以及玄妙感。墙基上堆砌的青石或者麻石，质地鲜明，雕凿方整；门楼、门罩、花窗上的砖雕不以五色勾画；槅扇、梁架的木雕也保留木质纹理的天然色泽；清水墙不添加任何涂料，处处显示质朴

潜口民宅中的清园建筑

美。徽州古民居建筑取材纯粹为砖、木、石。材料本身也是有“性格”的。木料富有温暖感，石块具有粗重感，砖块遵循的是规矩原则，水磨石具有光洁感。这些无生命的物质材料，一旦经过技术和工艺的巧妙结合和处理，化为空间秩序

和形式，显示出丰富的美学意蕴。

从深层次来说，徽州古民居在色调上、材质上的选择，体现出的是老庄美学观。出自徽州的宋代理学大师朱熹说："大抵圣人之言，本自平易，而平易之中其旨无穷。"老庄追求平淡自然、顺应自然的美学理想，从理论上赋予道以美的属性，并深深渗透在古民居建筑艺术之中。

徽州古民居还具有独特的造型美。徽州古民居普遍以高大的外墙围合起来，采用硬山做法，马头墙高出屋脊，依循屋顶坡度层层跌

潜口民宅中错落有致的马头墙

落的，呈现水平阶梯形状，也有马头墙中间高两头低，露出双坡屋脊的，半掩半映，半藏半露，呈折线变化。间有弓形做法的，曲线与水平线柔和相接，富于变化。徽州一些“大宅门”的侧面马头墙层层叠叠，或平行起伏，或垂直交错，有着递进、重复、交叉和贯通的建筑形态，静中有动，生动活泼，让人体悟到有张有弛、刚柔并济的自然节律。在黟县，木坑村的许多古民居依山而建，而顺着山势“游动”的马头墙和曲墙，有隐有显，有曲有直，展现的是非常优美的视觉效果。歙县黄备村的古民居建筑也颇具特色，青山环抱，溪水穿村而过，民居四周都有高墙围起，房屋外墙除大门外，还多用漏窗点缀。马头墙呈阶梯形，高出屋面，有些墙头还装饰有卷草如意一类的图案，显得清幽美丽。

对于徽州古民居普遍采用的马头墙，有关专家从建筑学上加以“分解”，认为它由三个部分构成：墙体，拔檐、垛板、垛头和马头墙脊。马头墙的起伏，源于三个要素的综合：一是地貌的要素，包括地形的起落，顺着自然弯曲的溪流布置而辗转的。地貌有其独特形制和内在脉络，它决定了徽州古民居轮廓线的中心——马头墙的起伏、走向；二是徽州古民居的建筑高度，一般在一到三层间，它影响了马头墙的起止；三是马头墙呈阶梯状以及因灰瓦强化的轮廓线，有断有续、似断实连，节奏感明显。一般而言，马头墙为阶梯状山墙，同一标高的一段被称之为一档，根据建筑物的进深尺寸确定山墙阶梯数和尺度，工匠称之为“定档”，进深大，档数也就多，但每坡屋面不会超过四档。

徽州古民居高筑外墙的做法，既是出于美观装饰的需要，以打破一般墙壁的单调，也是有实际功效的。像马头墙高于房顶，而且其为砖石所制，可预防邻家失火，殃及自身或者是“火烧连营”，所以又称“防火墙”、“封火墙”、“屏风墙”等。徽州民居不但外墙耸峙，一般还只在二楼左右的高度开有一扇小窗户，这种小窗户有的装饰有寒窗苦读的冰裂纹样，有的则是喜鹊登枝的剪影，当然，开设小窗户并非为了漏景需要，而是有着防盗和安全上的考虑。镶嵌在高墙上的小窗户，既减弱了从高处泻落的光线，又不使盗贼有落脚之处。

徽州民居马头墙

“横看成岭侧成峰”，通常看，一般马头墙是层层有序，缓缓跌落，似乎隐藏了旧的等级观念和激流勇退的意思；而换一个角度看，马头墙也是拾级而上，层层递进，寓意人生需要步步为赢。徽州人贾而好儒，对于个人的进退去留，讲究的是“达则兼济天下，穷则独善其身”，徽州士人一直以来都比较进退裕如，有所为，有所不为；能立功则立功，不能立功则立德立言。在诵读声不绝于耳的徽州文化氛围中成长起来的一代代徽州人，不论是做官、经商，还是务农、做手艺，都能勤勤恳恳，励精图治。他们能走四方，向外开拓而不会固守家园，而在外奔波打拼时，又不忘故土乡情；当开拓有限，止步于前时，他们也就叶落归根，徜徉在故里的青山绿水中。

马头墙还是徽商雄起时代的见证者。徽州男人常年在外奔波经商，家中只剩下妇女和老弱之人，一旦遇到窃贼，高高的马头山墙就成了屏障；在某种意义上，也可能是为了禁锢女性，锁锢年轻女人对外界的好奇与青春的躁动。在徽州，曾有一个著名的故事：一对夫妇结婚才 3 个月，丈夫就出了远门做生意了。一朝别离，遗恨绵绵；相思有梦，芳华虚度。年轻的女人以刺绣为生，到每年的年底，就将平时辛辛苦苦卖绣品积攒下来的余钱，换回一颗珠子，用来记住丈夫离家的年月，这珠子也就被称为“记岁珠”。后来丈夫风尘仆仆回来了，他的妻子却已经死去 3 年了。丈夫打开她平时用的箱子，发现里面的珠子已经积了 20 多颗。这样的故事，像是一朵浪花一样，消失在众多徽商闯天下的背影里。新安江里的桨声淡远了，徽商的身影依稀难辨了，唯有风物长存，那些至今还栉风沐雨的马头墙，依然在眺望，在守候。

徽州古民居的正立面设计，渗透了中国传统美学观念，强调左右对称，有着一套比较成熟的程式化手法。正面墙呈水平直线，或者是两侧高墙向中心逐渐递降，形成“井口”，这样一来不仅有利于房屋内部的通风、采光需要，而且比较自然地将人的视线聚集在正门入口处，从而形成建筑的局部趣味中心。

有房屋建筑就得有门，作为出入口的门，它有着界定空间的作用，同时具有防卫的功能。徽州古民居的门，有大门、侧门、角门、后门、券门等，其中与墙体有关系的可分为高墙门、低墙门等。在这里，我们要着重介绍的是徽州民居的高墙门，高墙门以门头为装饰重点，形成了简易的或者复杂的门楼装饰，在实

用功能上，门楼主要是防止雨水顺墙而下溅到门上。对此，建筑专家侯幼彬在《中国建筑美学》一书中，将徽州民居门楼划分为垂花门楼、字匾门楼、瓦檐门楼和四柱牌楼式门楼等。这里我们引用的是著名建筑专家朱永春的一种划分，他认为，徽州建筑门楼可大体分为门罩式、牌楼式、八字门楼式三类。

潜口民宅中的收租房牌楼式门楼

一般人家用的是门罩式门楼，位于门楣，依照繁简程度可以分为三种，第一种是在大门门框上方，用水磨砖“叠涩”几层线脚挑出墙面，顶上覆以瓦檐，并刻一些简单的装饰，这种多出现在明代；第二种是垂莲式，以垂莲柱为主要标志，就是用水磨砖在门框上部砌成垂花门形状，两垂莲柱间施

绩溪湖村民居门楼

徽州民居门楼

西递古代三品官厅门楼

以二枋联系，檐下用砖椽支承，布置疏朗，大方得体；第三种是左右设云拱或上枋脚头等。

大户人家的门楼则非常讲究，用的是牌楼式，也就是门坊，常见的有单间双柱三楼、三间四柱五楼、三间四柱三楼，材料有砖、石、木等几种，古代工匠一般在大门上方挑出双角起翘的小飞檐，鸱吻角兽，下砌檐椽头，上覆瓦片垫翘，像一对展开的燕翅；飞檐下方和门楣之间的花边图案框内，镶嵌着砖雕图案。徽州区岩寺镇的进士第门楼，为三间四柱五楼，仿明代牌坊而建，用青石和水磨砖混合建成，门楼横枋上雕饰有“双狮戏球”，刀工细腻，柱两侧配有巨大的抱鼓石，高雅华贵。

至于八字门楼，是牌楼式门楼的变体，变异的

西递古代二品官的私宅门楼

潜口民宅中的汪顺昌宅门楼

是它在平面上大门内退进少许，形成八字形，典型的有婺源豸峰八字门楼、歙县呈坎罗耐庵宅八字门楼，后者上部还用了月梁及斗拱承托木板壁和屋檐。有意思的是，门楼当初是从驱魔避邪的“符镇”演变而来的，随着岁月的流逝，“符镇”的意义变得模糊不清，并转化成为装点门面的装饰物，成为徽州古民居的重要构成要素。

徽州民居门楼上很重要的一个组成部分，便是精美异常的砖雕了。砖雕是“徽州三雕”之一，砖雕制作首先要选择精细的泥土，经过人工处理除去杂质和沙粒，做成砖坯后烧成青砖，接着打坯，在青砖上定出画面的位置，凿出画面中形象的深浅，确定画面的近、中、远层次，最后是精雕细刻的过程，使得所要雕刻的人物、鸟兽、花木、楼台、博古等一一呈现出来。平滑明快、质地细腻的砖雕，一般用于徽州古民居的大门，包括门楼、八字墙等，成为一种独特的壁饰。黟县西递村的“尚德堂”的八字门楼高大壮观，八字墙和门框都是用整块的“黟县青”筑成，打磨得光可鉴人，边角、接缝做工精细。明代的砖雕以几何图案为主，而清代的砖雕则有戏文、传说等民俗图案，往往雕有几个层次，多的达九层，形象丰富，栩栩如生。由于徽州古民居的外墙，尤其是门墙，比较高大，门楼就成了古代工匠们施展才

唐模村石雕

西递民居门楼上的砖雕

华、技艺的集中之地，上面镶嵌的砖雕，往往精美细致，图案多样。这样一来，平整粉白的高大墙面，成了背景，而雕刻精细入微、布局紧凑有序的门楼，成了“内容”，一个空白、疏朗，一个精细、严密，呈现出强烈的视觉反差效果，一如中国画所体现的“疏能跑马，密不透风”的美学追求。绩溪县湖村的古民居门楼雕饰，大多是园林胜景或者是戏曲人物，这里的门楼非常集中，门挨门，门对门，让人眼花缭乱，门楼上的雕刻手法极为细腻，多是三四层雕刻，最多的有九层透雕。

坐落于屯溪柏树街东里巷6号、7号、28号的程氏三宅，由明成化年间礼部右侍郎程敏政所建。6号、7号宅门楼向内开，门楼朝里做，砖雕图案都是“双凤戏牡丹”，形象丰满舒放，生动活泼。7号楼前面院墙呈圆弧状，这在徽派建筑里是很少见的。28号宅门楼采用麻石料凿制，筑仿木结构三间四柱门楼，其正楼和次楼均以斗科相托，额枋上有精美雕刻，平板梁上浮雕串莲花瓣，整个门楼立体感很强。

大门一向是民居的“脸面”。尽管从宋代以来，民间住宅的建筑规格，以及构件的使用都有所限制，但徽州有的官宦人家与商人，特别用心于住宅的布局

西递石雕漏窗“松石图”

潜口民宅清园中的汪顺昌宅内景

和结构设计，甚至利用其势力和地基的相对优裕，将大门修成朝外开的八字状，这样做有着遮风挡雨上的考虑，更有着身份和实力上的显摆。还有门枕需要提及，它也称门鞍，门鞍以石鞍、石柱、石墩等五件组成。修成圆鼓状的门枕石，体现了“挡门鼓”避邪的意义，似乎也暗合了“击鼓升堂”之意。不过，更多的徽州人，是比较低调和内敛的。

黟县西递的履福堂、走马楼、大夫第等，比较集中展现了徽州古民居的特色与魅力。其中，大夫第是清代开封知府胡文照的祖居所在，后因胡文照官封四品而在大门上嵌刻“大夫第”三字而得名。大夫第正厅堂额为“大雅堂”，天井四周裙板格扇均为木雕冰梅图案，取“十年寒窗”之意。楼上绕天井一周装饰有“美人靠”雕栏，雀替为象征权贵的倒爬狮。在“大夫第”内，还建造了一座临街的阁楼“走马楼”。它既是景观建筑，又是观景建筑，站在上面，可以观赏四周的景色。楼额悬挂有“桃花源里人家”字样的匾额，阁楼处于街角，大门就在其下面。主人想到街角人来人往，行走不便，于是想办法避让，把门朝后凹进去一块，整个阁楼向后面缩减了一米，并把紧靠阁楼的主要墙角一人高以

潜口民宅集中了明清时期的众多民居建筑。图为“清园”大门

下部分砌成圆角，门楣上还有石雕题额，写着这样一行字：“作退一步想”。将墙角处理成圆角，这寓意着为人处世要给人以方便，不过又不能毫无原则，于是墙角的一人高以上部分仍是直角。据说胡文照在任时，清高廉洁，曾大力整顿吏治，但遭到当地许多官员的反对，甚至是诬告。胡文照任知府十余年，回乡建造了“作退一步想”的阁楼，多少反映出他想尽早隐退的心理。也有一种说法，认为走马楼是徽商巨富胡贯三为迎接清代三朝元老、宰相亲家曹振镛而赶建的。而如今，当地人们在举办民俗活动时，将走马楼当作了抛绣球的“绣楼”。

西递村的“履福堂”，书香味浓郁，厅堂间悬挂着不少楹联，富有哲理，履福堂是徽商胡贯三的孙子、杭州知府胡元熙的儿子，收藏家胡积堂的宅第，也是西递村少见的三间三楼结构的民居建筑，是目前西递村最高的房屋之一，站在上面可以俯瞰整个西递。

在宏村，被称为“民间故宫”的古民居——承志堂，是大盐商汪定贵 1855 年修造的，占地面积 2100 平方米。承志堂正门“福”字下有三扇门。中间一扇门平时是不开的，因为汪定贵花钱捐了个五品官，所以中门只有在五品以上官员

潜口民宅“明园”中的方文泰宅内，走马楼雕饰精致

到访时，或者是家中办红白喜事才会打开，其他人来了只能走侧门。两扇侧门也很有讲究，为“左文右武”，仿宫廷式样，门上横梁做成倒过来的元宝状，元宝上端雕刻的如意图案，与两侧门柱和门楣一起构成一个缺“口”的“商”字。如果有人从下面走过，正好补上了这一张“口”。实际上，在古代，由于出外经商的人很多，徽州古民居中有许多大门，做得就像是一个“商”字，不但暗藏着浓厚的聚财心理，也表明徽州商人出于自尊的设计，不论你是什么人，只要你来到我门下，从我这门下过，商字就成了登堂入室的必然之道。也有人说，徽州古民居的大门门楼像是仿照官帽样式，它寄寓了徽州人“贾而好儒”、“由商入仕”的想法。

在徽州，不仅仅是单个古民居因为马头墙、大门、门楼等等的巧

妙构建，而体现了形式美、韵律美，在整体群落的构建上也是如此。在“聚族而居”的过程中，总有宗法伦理这只看不见的“手”，在指挥着住宅的构建、组团，使内外空间的布局，与宗族、血缘亲疏关系相适应，从而形成了呼应、对称、重复、递进等错落有致的结构形式。

歙县的郑村，是一处古老的村落，在这里有一座号称徽州现存最大的古民居——汪家老屋。老屋由“和义堂”、“善述堂”、“善继堂”、“务本堂”连在一起构成的。在外面，它们各有各的大门，但在内部，它们全是相通的。四个大屋连在一起，房连房，进连进，显得规模宏大，气势非凡，让人感到透不过气来。这四间屋子分别属于汪家的4个儿子，上辈给他们安排这样的居住结构，就是让他们在一起彼此照应，并保持着有分有合的生活状态和空间形态。

在黟县的关麓村，这里有名的“八家”民居，是连成一体的八位兄弟的居房，在整体外观上，具有结构的统一形式。“八家”门额上的题字，有表明宅主身份的，也有显示文化修养的。关麓村的民居正门多为青砖雕花门楼，门洞两侧的门柱石各用一整块石料制成，上部门宕也由一块石料制成，所以称为石库门。最具特色的，一般民居正门都有里外两层门扇，里层是木板门扇，门上包有铁皮，钉的是泡钉，漆了黑色油漆，这被称为铁皮门；外层是镂空菱花槅扇，空灵剔透的菱花槅扇，使原本防卫森严的大门显得亲切近人。

徽州古民居也有以某一家长的宅第为核心，向四周延展的等等。总之，从整体上，从高处俯瞰，徽州古民居群落都具有空间上的形式美、韵律美。

在外部空间形态上，纵横交错的街巷也为徽州古民居群落增添了美学意蕴。街巷及其所具有的立体空间，是单个古民居之间，以及与其他建筑之间联系的无形纽带。如果说蜿蜒、潆绕在古民居群落内外的溪流、水圳，是条“动脉”，那么联系着古民居群落的古街小巷，就是弯弯曲曲的“静脉”。动静结合，虚实相间，仿佛奏出一曲曲和谐的乐章。在明清时期作为徽州府的首县，歙县有一条有名的古街巷——斗山街，据说斗山街的名字来源于它所依之山，因为七丘相连，状如北斗星排列，所以称为斗山。斗山街长约一华里，曲径通幽，在幽深的街道两旁，是成群连片的古民居，这些当年徽商留下来的老房子，像游人一样，摩肩接踵，却又相互错落，有谦有让。斗山街巷道跟渔梁老街的气韵是不大一样的，前者幽暗凄迷，暗藏着数不清的秘密、故事，而后者则是开放的，悠闲的。

徽州古民居的街巷，整体上具有阴柔的、如歌如诉的特性，其独特的构造空间，是弯弯曲曲的青石板铺就的，也是疏疏密密的券门洞、门罩、台阶、花窗或者点窗，以及高低错落的马头墙穿插构成的，更是受徽州人聚居的理念所影响的。虽然因为宗族、血缘关系，徽州许多古民居是相连相通的。但在建房时，依然讲究不与邻共墙，特别是房前屋后必须保持通畅，这就形成了狭窄的小巷，仅容一人通行的一人巷也到处可见。曲曲折折的小巷纵横交错，相互勾连，把徽州的民居、村落，编织成形形色色的迷宫，使得身在其中的人产生出多种感受和观赏情趣。

徽州古民居在形式、构造和装饰上，有开有合，黑白相间，虚实有致，错综变化，体现了传统美学的诸多原则。但从另一方面说，徽州古民居在建筑构造上也有着它的不足之处，比如它从总体上的封

西递村中小巷

闭，缺乏以人为本的观念；结构莫测高深之中，说明对人和个性的忽略和压抑。这些都应该看作徽州建筑不足之处。建筑是社会产物，时代产物，在徽州建筑上，同样体现了时代的局限性。

四　别有洞天

现在，让我们深入到徽州民居的内部，一探究竟。

徽州民居的平面格局，有“凹”形、H形、回字形、日字形等几种类型，而其内部为楼房形式，基本组成单元则有天井、厅堂、厢房、门屋、廊等，它以中轴线对称分布，正屋一般为“一明两暗”式的三开间，中间为厅堂，两侧为厢房（卧室），以天井为延展，纵向为进，横向为列，院落相套，纵深发展，形成二进堂、三进堂、四进堂，甚至五进堂等。后进高于前进，一堂高于一堂，庭院深深，幽暗神秘。一些大的家族，随着时间的推移、子孙繁衍，几世同堂，房子就一进一进地套建，以至于形成“三十六个天井，七十二个槛窗，一百个庭院”的豪门深宅。

民居中陡窄的楼梯

民居中狭长的过道

徽州人常说："家有天井一方，子子孙孙兴旺。"徽州民居往往在进门之后便是天井，天井居中，由正房与辅屋围合而成，为进深较浅的窄条形空间，天井以石板铺地，明代的天井比较深，像一方池子。之后，天井逐渐变浅，几与门屋地坪同高。天井四周置盖板明沟，并和住宅下水道相通，另外天井上方周沿还设有雕刻精美的栏杆和弧形靠背坐椅"美人靠"。天井的前檐，是木装修的集中部位，门窗槅扇、撑拱、栏杆、"美人靠"等都进行了精心的处理。由于部位适当，重点突出，雕琢繁简相宜，与周围素雅的板壁、粉墙、砖石地面、天井绿化等相得益彰，组成了一个统一协调的整体，形成了幽静温婉的居住空间。

天井具有通风、采光、排水、遮阳、交通等多项功能。正因为有了天井，坐在室内的人们，可以感受四时之气、一日之变，晨沐朝霞，夜观星斗。有的徽州人还在天井中筑池养鱼，摆放盆景，使天井别开生面。徽州古民居内部的采光，主要依靠天井，而自然光线经天井的“二次折光”后，变得相当柔和，增添了静谧之感。从立体空间来看，徽州古民居的天井是由四面屋顶、屋檐围成，所有的屋顶都是向院内倾斜的，下雨的时候，雨水从“四角的天空”飞流而下，通过天井四周的水枧流入阴沟，这就是有名的“四水归堂”说法。不少人认为，“四水归堂”寓意“肥水不外流”，反映了徽州人单门独户，一心聚财的灰暗心理。天井不仅仅有着肥水

民居中的“一线天”

民居中承屋檐雨水的、由砖砌成的下水道

天井中的明沟

徽州民居中比较简单的天井

不流外人田的意味，还可能来源于中原一带原始人类的穴居方式。从更高的层面来看，包括“四水归堂”在内的天井的诸多功用，体现了徽州人亲近自然、融于自然、顺应自然，追求“天人合一”的思想。

徽州古民居普遍为两层，三层也比较常见。在明代，徽州人住宅的祖堂，设在楼层的明间，而厨房、杂物间一般紧贴正屋墙，另建敞棚，作为附属建筑。明代楼上为家庭活动中心，铺有方砖，相当开阔，楼梯设置于一侧廊屋内，便于上下。到了清代，活动中心移至楼下，楼梯也就较多地设置于堂屋的太师壁后，比较隐蔽，而且一般只容一人通过，又陡又高，有的一楼入口处会有一扇小门，可以锁上。徽州民居楼上比较宽敞，楼层有可环行全宅的檐廊，俗称“跑马楼”或“走马楼”。在走马楼位于正门的位置上，栏杆会修得很高，上面开有两个或更多一些的四方小孔，大约巴掌大，类似“瞭望孔”。从前厅向上望去，楼层黑乎乎的，看不清楚，但要是有媒人或者年轻男子做客家中，住在楼上的小姐便可以从小孔中向下观察打量。宏村承志堂中，就有这样的走马楼，连窥视的小孔也保存完好。

徽州民居的楼上和楼下分间常有不一致的，以至于楼上的分间

徽州民居中的丁头拱

立柱点下层却无柱予以支撑，而立于梁上。歙县西溪南村的老屋阁，就是如此。古代的工匠之所以敢于这样处理，也是考虑到了下层梁柱的硕材有着足够的强度和刚度，上层木构穿枋的应用，同时增强了这一点。

徽州古民居的建筑为木构架，是以柱、枋、梁、檩、椽等构件组成的，穿斗式梁架和抬梁式梁架的混合使用，是徽州古民居的重要特点之一。穿斗式构架的特点是柱子较细且密，每根柱子上顶一根檩条，柱与柱之间用木串接，连成一个整体，小型住宅多使用穿斗式梁架，或者是局部使用双步梁架。采用穿斗式构架的房屋，因为柱、枋较多，室内不能形成连通的大空间；抬梁式是中国古代建筑中最为普遍的木构架形式，它是在柱子上放梁，短柱上再放短梁，层层叠落直至屋脊，各个梁头上再架檩条以承托屋椽的形式，抬梁式结构复杂，要求加工细致，但结实牢靠，经久耐用，且内部有较大的使用空间，同时还可以形成美观的造型和宏伟的气势，大型、富丽的住宅，用抬梁式梁架。穿斗式梁架穿枋断面为矩形，有时略略弯曲，剖面如琴面，朴素无华；抬梁则是

丁头拱之一

丁头拱之二

丁头拱之三

雕刻华丽，断面接近圆形，两端较中央稍微细些，梁起拱，呈弧形，梁端下部有一凹形圆和曲线，俗称“剥鳃线”。

为增大堂屋开间，屯溪的程氏三宅的底层均用抬梁式构架，浑厚月牙梁穿入金柱，丁字拱插入大梁两端柱内，与梁平行，支撑梁架，粗大的柱落在等腰八角形石磉上。三宅楼层柱枋间隙处，选用芦苇秆编织固定，然后用黄土、石灰和稻糠相拌粘糊，其表面再抹刀麻石灰膏，以防潮并减轻建筑物的荷载。其中，程氏三宅的 6 号宅采用四列柱到顶，底层在明间左右加两排短柱，分隔成相等四开间。在结构上加的两排柱子，虽只到楼板底面，但通过底层梁枋，将上部荷载变成分力传入地面，既省材，又使结构均衡合理。楼层井檐上装活动排窗，外挑的垂莲柱四方抹角，内侧装置飞来椅，柱侧上端插拱两挑，托住檐檩。

关于徽州民居木构特点，也有人归结为四个字：肥梁瘦柱。顾名思义，梁粗大，而柱显得瘦

木构件斜撑，俗称牛腿

小。当然，这也是相对而言。有的民居中的立柱相当粗壮，比如休宁县黄村进士第中的白果木柱。徽州明代民居等建筑中至今还保留有梭柱。屋内的立柱从中端开始向上、向下两端收缩，中间粗，两端细，形如纺织的“梭子”，所以叫梭柱，将柱“卷杀”成梭状，是沿袭了宋代大木作构件的一种做法。柱础的形式多种多样，有方形、圆形、八角形石块，或者是雕刻出基座、础身、盆唇等，层次多的达七八层甚至十多层，其花式在清代尤为繁复。

明清徽州建筑在很大程度上保留了宋式做法，同时也有着地域特色。在宋式建筑中，梁栿常加工成月梁，而明清徽州建筑的一个显著特征是，不仅将梁栿加工成月梁状，还将阑额等额枋也加工成月梁状。在徽州民居等建筑内，常见有雀替这种构件，它是指置于梁枋下与柱相交的短木，可以缩短梁枋的净跨距离，也有用在柱间的落挂下，则是纯装饰性的。一般认为，雀替就是宋《营造法式》中的绰幕枋。也有学者认为，它是由丁头拱演变而来的。在徽州民居木构中，既有成组的斗拱，也有大量雕刻精美的撑拱，还有简练实用的插拱。徽州很多斗拱中增加一水平的枋，这是受到穿斗式穿枋的启发，用来增强斗拱与梁柱的联系。

明代住宅制度可谓等级森严，从官吏的宅第到庶民的房舍，都有严格的规定，如在建筑形式上，除了沿袭唐宋规制，明早期继续把重檐、藻井等作为帝王宫室专用外，还把歇山、转角等列为品官宅第不

徽州民居中常见的窗槅扇

许采用的形式。瓦脊式样、门色、门环质地，以及梁、栋、檐等的色彩，也都有不同等级规定，以示尊卑。明代《舆服志》中有这样的记载："庶民庐舍不过三间五架，不许用斗拱饰彩色。"从某种程度说，规制只是一个大体的模式，总有其达不到的地方，而徽州的富商和入仕者很多，也想尽办法在建筑雕饰上"做文章"，于是不少民居采用的斗拱既精雕细刻，又不突破限制。

徽州民居等建筑上使用的斗拱，有平盘斗、栌斗、枫拱、横拱、丁头拱等，潜口民宅中曹门厅凹入的海棠瓣，是栌斗作雕刻，而且外轮廓较宋式做法更加柔和细腻。同在潜口民宅中的司谏第（实为家祠），前廊的上昂斗拱，流云飞卷，极为珍稀。黟县舒桂林宅中，用的有极罕见的唐式斗拱。

徽州古民居室内的槅扇，又称"格子门"，是室内分隔的主要建筑构件。明代至清初，槅扇崇尚简朴，以木格和柳条窗居多，清中叶以后，槅扇日趋精巧细致，而且裙板较之花格，其高度也渐渐降低。在整体上，槅扇的高度主要取决于地栿至枋下皮距离，其宽由开间或进深的宽度来决定。黟县南屏村的慎思堂书屋里的槅扇，便于采光，效果极佳。

徽州的老房子，在整体上，崇尚本色，屋顶一概用小青瓦而几乎不用琉璃，门楼和屋内的石、砖、木绝少用五色勾画，槅扇、梁栋等也不施髹漆。

细细体味，徽州民居其实也有着内外的反差，有着封闭性与开放特点，有着乡土气息与文人风雅的调和做法。在外表上，徽州古民居是素净的，有着质朴美，也有着一定的提防、排他性以及自我的封闭与内敛，但在内部，徽州古民居却一味追求精致甚至是极致，相当通融与活络。好比一个人看起来木讷、拘谨，骨子里却兴趣广泛，情趣多多。

徽州古民居十分注重室内的陈设、装饰，其内部可谓别有洞天。突出部分当然在厅堂，厅堂面对天井，半敞开式，它是亲朋聚会、品茗对弈、吟诗作画，进行礼仪活动的庄重场所，是明室，与“暗室聚财”的厢房有着明与暗的对比，厅堂庄重而严谨，散发着浓郁的书香气息。曾有人说，中国人的厅堂，就是西方人的教堂。这是指它所承

胡适故居内部陈设

徽州民居内普遍悬挂字画

载的文化和教育意义而言。厅堂这个民居中最中心、最重要的组成部分，往往还与祖堂相结合，承担有祭祀的功能。在古代，厅堂的祭祖活动十分庄严，次数也比较多，有一套很讲究的礼仪。

一般而言，徽州厅堂的正壁上高悬匾额，有的题有堂名，下挂巨幅中堂字画与楹联，这些楹联不是歌功颂德或炫耀门庭的，而是教化式的。比如“世事让三分天宽地阔，心田存一点子种孙耕。”“几百年人家无非积善，第一等好事只是读书。”“读书好营商好效好便好，创业难守成难知难不难。”“粗茶淡饭有真味，明窗净几是安居。”“善为至宝一生用，心作良田百世耕。”“快乐每从辛苦得，便宜多自吃亏来。”有的直接刻到立柱上。为了突出告诫之意，在重点字词上，他们还有意多刻一些笔画以引起注意。像“快乐每从辛苦得，便宜多自吃亏来”一联中的辛字，下面多加一横，表示快乐需要人们付出加倍的辛苦。而在亏字上多添一横，意思是说，为了个人所追求的，需要多吃一点亏。而这，体现了古徽州的人生态度。徽州古民居室内的楹联，从形式到内容，都在浓化民居的恬淡、清幽的氛围，叫人超脱名利、安详知足、心平气和。

在中堂画和楹联的下方，设有条案，条案分平头案、翘头案等，条案上置放座钟、花瓶、帽筒，以及配有镜子或者是镶有镜面的座屏等，寓意终（钟）生平安、东平（瓶）西静（镜）。同时，摆放八仙桌、太师椅；厅堂两侧放的是茶几、坐椅等，每侧墙壁上都悬挂字画以及一些楹联。徽州古民居内部的陈设，就是这样书卷气十足，宁静而不失庄重。

徽州古民居的厅堂，一般有正厅和内厅之分，正厅也就是主厅、外厅，是待客、议事的主要场所；内厅位于正厅之后，也有称为后厅的，是接待亲友和日常处理家务的地方，主要是妇孺生活、子女玩乐的场所，内厅家具陈设和正厅差不多，但显得更有生活气息。

除了庄重而典雅的厅堂，徽州古民居内部的卧室布置也相当有特色。卧室一般设置在厅堂的两侧，即厢房，楼上、楼下都有卧室。卧室内除了柜子、梳妆台、桌、凳等外，最主要的就是床了。徽州古床中雕琢最为精美的当属清代的了，花板上的木雕大多取材于戏曲和民间故事，所雕图案造型生动，比例匀称，木雕床的材质有紫檀的、红木的、楠木的、樟木的、梓木的，等等，在装饰上运用有描金、髹漆、镶螺钿等工艺，目前在当地遗存较多的也就是清代和民国时期的木床了。有一种名为“跋步床”的木床，又称“千工床”，这种床不仅能让人安睡，还能供人在里面吃喝拉撒，床头柜、脚踏等一应俱全，雕饰无比精美，为海内外家具研究者和收藏家所青睐。

自古以来，徽州人家的庭园内，往往置有石桌石凳，掘有水井鱼池，栽植果木花卉，甚至叠山造泉，安置漏窗等，可谓巧夺天工，充满

有着十几层工的柱础

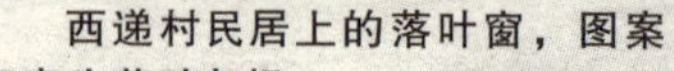
西递村民居上的落叶窗，图案寓意为落叶归根

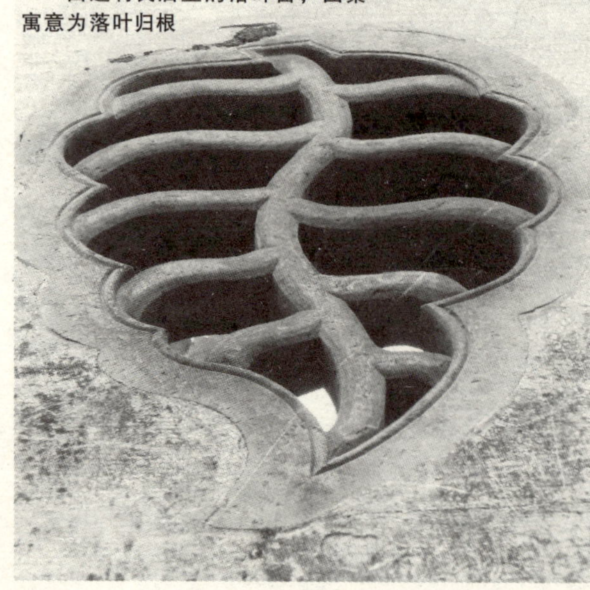

情调。从堂屋到庭院，徽州民居这样的陈设、装饰，自然反映出主人的品位与修养。像西递村的清知府胡文照的宅子，因势结构，因地制宜，点以花潭水池，隔以漏窗女墙，饰以石雕砖镂，配以石凳石桌，甚至门前置放整石雕刻的梅瓶等，把整个院落装点得十分对称、和谐。实际上，即使一般人家，摆设、格调也大同小异，无非质地、档次稍微差些而已。这种现象的背后，是逾越平民与士大夫阶层鸿沟的文化诉求，是弥漫在整个徽州地区的追慕文雅、注重教化的风尚。

“有堂皆设井，无窗不雕花”。这算是徽州民居的一个重要特点，“井” 指的是天井，在前面我们已经详细介绍了，而“雕花” 则是指徽州民居内无所不在的“三雕艺术”了。跨进居室，目之所见，尽是一些精美无比的砖、木、石雕构件。木雕的种类很多，有线雕、浮雕、透雕、圆雕、阴雕、嵌雕等做法。石料质地坚硬耐磨，防水防潮，多

宏村承志堂

作为建筑中需防潮湿和需受力处的构件，如门槛、柱础、栏杆、台阶等，这些地方往往是石雕装饰的重点部位，像抱鼓石常见有浅浮雕图案，而呈现方形、圆形、树叶形等形式的花窗，多由整块的石料雕琢、镂刻而成。一般而言，砖雕比石雕更为经济、省工，它多用于民居的门楼、照壁等处，表现风格力求生动活泼，在技法上与木雕、石雕类似。

玲珑剔透的砖、木、石三雕，可以称作徽州民居中的精华，甚至可以说是民居中的眼睛。徽州民居在内部装饰上，可谓达到了极致，尤其将“徽州三雕”运用得淋漓尽致。比如，瓜柱、叉手、雀替、斗拱、托脚、驼峰、槛窗、槅扇、栏杆等，多是对木材料进行镂雕加工，装饰以漂亮的花纹、线脚，而雕刻的图案题材广泛，内容丰富，栩栩如生，令人叹为观止。

黟县宏村的著名古建筑承志堂，是清末徽商汪定贵于清咸丰五年（1855）前后营造的宅邸。在当时，建造承志堂花去白银60万两，木雕上镀黄金100两。承志堂享誉天下的，要数它的木雕艺术了，据说屋内的木雕由20个工匠整整雕刻了4年，由此可见整个房屋在木雕上的讲究程度。承志堂前厅有一根粗大的房梁，是由整根银杏木制成的，因为形似弯月，被人称为“月梁”，这种月梁在徽州古民居内比较常见。承志堂前厅的这根月梁上，雕的是“郭子仪拜寿”及“九世同堂”图，精细无比，让前来的外地游客边看边惊叹不已。在正对中门的前厅横梁上，雕的是“唐肃宗宴客”图，精美绝伦，层次分明，堪称徽州木雕中的神品，在五六十厘米的厚度上，镂雕了七八层图案，所雕刻的30多个人物，神态闲适，格调清雅。中门门额上方的木雕所雕刻的将近百人形象，人们习惯地称之为“百子闹元宵”，也有专家认为这雕刻的是“跳加冠”——一种成人礼场面，场面壮观，人物神态惟妙惟肖。宏村承志堂里精致的木雕很多，还有“渔樵耕读”、“定军山”、“长坂坡”、“三英战吕布”、“八仙过海”图等。这些构图丰富、雕刻精巧的人物图案，无疑也流露了主人在富裕之后的一种微妙心态。

徽州商人很有钱，怎么体现个人的经济实力？又怎么光宗耀祖呢？房子的建筑规模有限制，不能逾越，只有搞雕刻，在门楼上面用砖雕，在房子上面用木

徽州民居内精细无比的木雕装饰

精美的镂雕

民居中"美人靠"外装饰

多达八九层雕工的木雕

雕，在四周围墙上用石雕，在“三雕”上面下足功夫，这样一来，它耗的工时自然就多了，它的价值也就高了。

徽商好儒，相互之间还有些比拼，加之新安画派、徽州版画、金石、徽剧等方面的影响，使得徽州古民居的雕刻装饰精彩绝伦，无论构图、雕技，还是形象的创造等，都达到了很高的水平，堪称绝活。徽州古民居的门窗柱梁上的木雕，一户之内少有雷同。其图案有鸟有兽，有花有草，有山有水，有人有神，有写实具象的，也有写意、变形抽象的，可以说是无所不包。这些“三雕”艺术，是主人生活追求的写照，带有浓郁的地方色彩，体现了强烈的艺术创造力，充分反映了农耕社会的田园生活。

徽州古民居的雕刻装饰艺术，与建筑结构是融为一体的。比如明代一般在楼层檐柱之间设置有“美人靠”，“美人靠”的弧形部分被划分成若干框格，下部衬以素净裙板，裙板上垂直的护缝条与上部框格的水平线条，繁简对比，相映成趣，装饰效果非常突出。但清代

木雕装饰

楼层上的活动减少，“美人靠”不是必设的构件，而廊屋槅扇门、厢房窗栏、檐廊楣罩等，成为装饰重点。厢房窗口下部的窗栏上，多嵌有雕刻精美的花板，两廊屋设置槅扇门，工匠在门扇上刻意组织棂格图案，精心雕饰裙板、绦环板，构图精美。徽州古民居内的一些雕刻，如窗、槅扇上的细格子，便于采光、透气或者糊皮纸，同时考虑到美观，便精雕细镂，出现了各种细格花纹图案等。黟县关麓村的民居槛窗上，不仅装饰有几何形棂条外，还在其间巧妙地嵌有花草、动物等形象，特别是格心正中和下方绦环板处，常圈有海棠形、矩形等外框，框内则运用深浮雕技法雕刻了人物、神兽、房屋等内容。

“徽州三雕”中的木雕、砖雕、石雕极具象征意义，其中有谐音、联想、约定俗成的隐喻等。在室内的雕刻装饰上，徽州人将传统的伦理道德、文化诉求等“注入”其中。如常见的“忠孝仁义”主题，一些木雕就刻有表现这样主题的“岳母刺字”、“卧冰求鲤”、“孔融让梨”等。徽州古民居的雕刻装饰还散发着浓郁的民俗文化气息，如木雕“一路连科”、“福禄寿三星”、“鹿鹤同春”、“五福捧寿”、“和合二仙”、“刘海戏金蟾”等。其中，“一路连(莲)科”多借用莲花的图案来表现，不仅有盛开的莲花，还有莲花的花苞、莲蓬、荷叶、藕等，同时也隐喻做官要清廉，因为莲花出污泥而不染。有意思的是，有的木雕雕刻的“八仙”，并未有人物形象，“八仙”的身份，一般用他们手里所持的法器予以暗示，俗称“暗八仙”。在徽州古民居内，俗称“叠子门”的堂廊廊框中央，常雕着“瓜瓞绵延”图，图中有蝴蝶，“蝶”与“瓞”谐音，蝴蝶展翼，须顶南瓜，瓜上枝叶缠绕，长势茂盛，比喻子孙繁多、家族兴旺；两侧衬雕一对并蒂莲，象征夫妻和美。

“徽州三雕”工艺是一项集体性的劳作。当年徽商在建造住宅时，为了达到最好的雕刻装饰效果，往往举行声势浩大的雕刻技艺擂台赛，前来参加的工匠很多，有时甚至是“百工竞技”。优胜者当然会得到青睐，并会被徽商们请回家去，一干就是数年。不少古民居从开工到落成，花费了几年甚至十几年的时间、大量资金不说，一些工匠更是家里几代人都参与建造。

黟县卢村有一座名叫志诚堂的木雕楼，相传是当年村中的一位富商卢百万，为他最宠幸的小老婆盖的。木雕楼花了 13 年才建造完工，其中大部分时间都花在了雕刻上。这座木雕楼满目芳华，仅莲花门就有 16 扇，每扇门的下端都雕有一个故事图案。而整栋楼的门窗、梁柱、栏杆等，全都雕满花鸟虫鱼、传说典故等，构图精妙，传神入微。比如，其中一块木雕就是反映了陶渊明隐居的悠然生活，他竟以荷叶作酒盏；再看这一块，描写的是当年伯乐相马的故事；而另一块木雕，则是西天取经图，木雕中的师徒 4 人形象生动，仿佛随时可以从木雕中跳出来似的。

让人惋惜的是，在“文革”中，当破“四旧”袭来时，徽州古民居中不少精美的木雕被毁坏，雕刻的人物往往被铲去头部或面部。黟县卢村木雕楼里的木雕虽然浩如烟海，看了让人眼晕，但 90%以上的雕刻都遭到了破坏。而距离卢村不远的承志堂，里面的木雕却绝大部分保存完好。当时的村长很有心计，找人连夜用黄泥涂盖在木雕上，待黄泥干燥后，又以红纸书写了“最高指示”等语录贴在上面。谁也不敢破坏“最高指示”，承志堂里的木雕才得以保留下来了。

徽州古民居别有洞天，内涵丰富多彩，还有很多东西值得人们去探索、研究

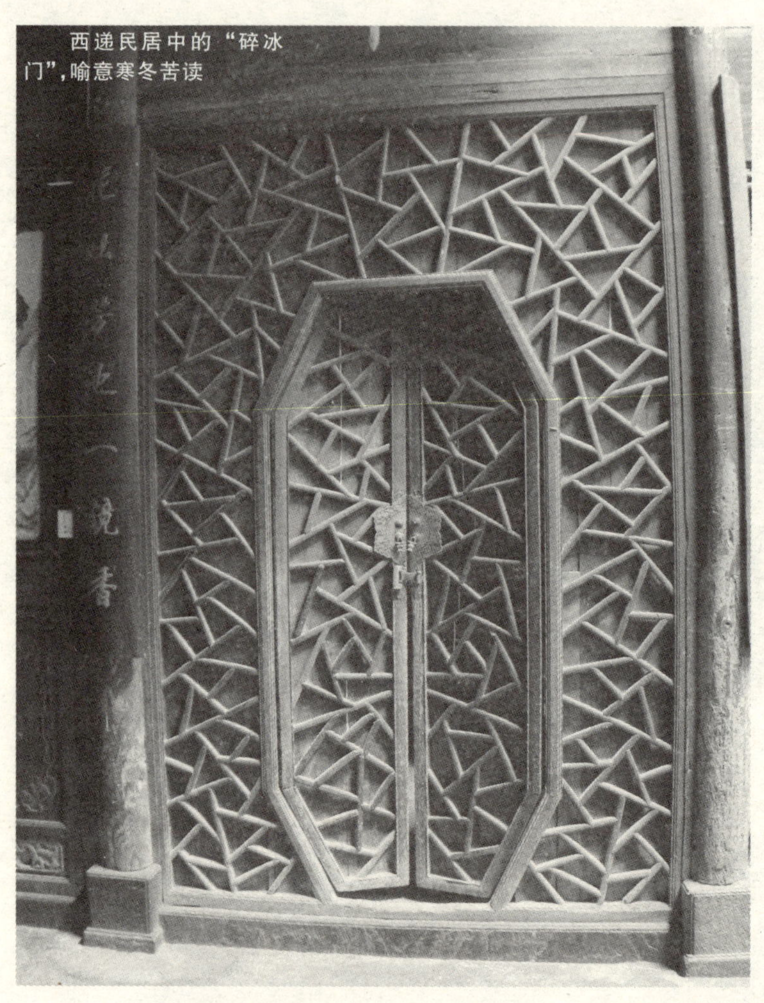

西递民居中的“碎冰门”，喻意寒冬苦读

与借鉴。比如清末民国年间，徽州民居出现了“西化”倾向，黟县南屏村的清末民居“孝思楼”、歙县程邦正宅第、婺源县詹励吾母宅等，都是清末西方建筑东渐的实例，有很高的建筑史学价值。当然，这些古民居只是局部地、有所节制地“西化”，骨子里还是保留着徽州的文脉。

关于徽州民居，一些民谚很形象地作了概括。比如说，“白墙黑瓦马头墙，三间五架双楼房；砖雕门罩石(雕)漏窗，木雕楹联显文华”。还有的说，“木门山墙地磨砖，两进三间天井院；双层结构砖木楼，楼上阁厅飞来椅(美人靠)”，等等，不一而足。

徽州古民居集聚着徽州山川大地的灵气和徽州历史文化的精华，具有丰富的美学意蕴和实用价值，是徽州人避风雨、御寒暑的物质对象，也是人类本质力量的精神体现；是地方的，也是世界的。

古祠堂

Faxian huizhou jianzhu

大阜村潘家祠堂内景

五　源远流长

在婺源的汪口村，有一座很有名气的宗祠——俞氏宗祠。从宗祠的享堂往寝殿走的时候，人们要不由自主地仰视。因为享堂的正中悬挂着俞氏祖先容像。线描的他们，端坐着，眼中像是饱含慈爱，温情脉脉地注视着自己的后代，注视着祠堂前的山山水水，以及络绎不绝的四方游客。

这高高悬挂在徽州古祠堂里的，是徽州民间的人物容像，也就是徽州各家族祖宗的肖像画。徽州的容像起始于南宋年间，在明清时期大为兴盛。在过去，每逢节日，家家户户张灯结彩时，在家里总要悬挂一些祖先容像，尤其是各姓的祠堂里，在祭拜典礼中，更是要挂一些家族在历史上卓有成就的人物容像，一方面是供人瞻拜，另外一方面则是警示晚辈，让后人不断地仰视他们、敬重他们，也昭示着家族的追求和希望。

容像是一种象征，祠堂同样也是一种象征。不仅仅是婺源的汪口村，在历史上，徽州一府六县大大小小的村落，都建有宗祠。那些祠堂森然林立在村子中，香烛缭绕，肃穆庄严。正是这些祠堂，形成了“千年之冢，不动一抔；千丁之族，未尝散处；千载谱系，丝毫不紊；主仆之严，数十年不改”的徽州宗法思想和宗族制度。有人曾统计，清

叶氏支祠的祠堂门

末时，徽州尚存有6000座祠堂。随着时光的流逝，乡村旧有宗法制度的土崩瓦解，祠堂的地位和作用消失殆尽，现在，那些祠堂已大部分不复存在，现存的上千座古祠堂，有的破落残败，有的成了历史保护文物和旅游观光点。

中国祭祀祖先的习俗由来已久。古代社会的父系家长制，到了周代演变成了以家族为中心，按照血统、血缘关系组成社会集团，维护贵族世袭统治的宗法社会制度。宗法制度在周天子和被封诸侯间实施。司马光说："帝王之制，自太子至官师皆有庙。"那时候，只有天子和高官才能建家庙、宗庙，用以祭祀自己的祖先。到了秦朝，由于帝王地位极尊，除了始皇帝，谁也不能建家庙了。此后的汉代，因为实行了分封制，宗法制度不像过去那么严密，开始有了松动，宋代司马光说"汉世公卿贵人多建祠堂于墓所"，这种在祖坟前修建纪念性质的建筑，当时比较流行，但尚建立在村外，但这种把祠堂建于墓前的做法，一直延续到了宋代，也由村外移建到了村内，祠堂的规模也越建越大。尽管在这当中，社会变革不断，但由宗法制产生的血缘和宗族传统观念，却逐渐深入到了社会的各个阶层。这些也就是日后徽州地区出现宗祠意识的社会基础。

徽州的宗族祠堂源远流长。早在唐宋时期,徽州地区就已经出现了祭祀祖先的场所。但那时的徽州祠堂,大都是达官贵人的家祠、家庙,而不是宗祠。徽州真正意义上的宗祠出现在何时,还没有确切的定论。但应该说,徽州宗祠是由家庙、宗庙演变而来的。在严格意义上,今天我们通常所说的徽州祠堂,实际上应该称为"宗祠"。"祠"与"堂"是有区别的,对于一派宗族而言,应该是"奉先有祠","起居有堂"。所谓"祠",是指祭祀祖宗或先贤的地方;"堂"则是宗族成员日常活动的场所,"日夕居止,拜起坐立,凶吉燕集,送迎往来"。为什么"祠"和"堂"二字会被连用呢?一则是因为徽州民居内厅堂往往也承当有祭祀的功能,徽州人比较重视"家祭",在徽州,一些家祠又往往被冠以含意深远的堂名。比如黟县西递的"追慕堂"、南屏的"慎思堂"、歙县棠樾的"敦本堂",等等,它们都是家祠,是徽州人在宅第前厅正中的隔断处摆放祖先遗像的地方,是常年祭祀和进行礼仪活动的场所,充满了人们对祖先的尊敬、追慕之情。另一个原因呢,可能是每一座宗祠的主体部分被称为"享堂"的缘故。享堂,是宗族成员进行祭祖活动和举行祭祀礼仪的最重要的场所,一直是徽州宗族制度的象征,也一直是徽州宗族制度的见证。

离屯溪只有 3 公里的篁墩古村,这个看起来很不起眼的千年古村,一直隐藏着徽州的不解之谜。当年篁墩一带的风水极好——新安江故河道从不远处流过,开阔的江面正对篁墩。这一带是一个很大的浅滩,自然而然,也形成了一个码头和栖息地,上下水的船只一般都要在此停留一下,水边上人来人往,络绎不绝。每天晚上,从篁墩这里,总能看到不远处河滩上星星点点的灯光。有一句顺口溜曾形容篁墩的风水:"白天有千人拜揖(纤夫拉纤时的姿势像拜揖),晚上有万盏灯火,脚抵长片园,头枕凤来山,身穿六合水,代代出状元。"清代嘉庆、道光年间,《新安大好山水歌》的作者潘世镛也写有

婺源汪口村俞氏宗祠

《晚过篁墩》绝句："水绕山环峙一墩，绿烟夹道近黄昏。停车细访先人宅，犹有千年老树存。"

这个现在看起来并不太大的古村落，在历史上曾跟徽州诸多望族颇有关联，篁墩就像是一个绳结一样，将很多新安氏族系在这里。这当中一个重要原因就是：篁墩当年的繁荣处于南北朝以及隋朝时期，这个时期，恰逢中原居民大批向南迁徙。徽州在历史上有过三次比较大的移民浪潮，最大的一次，就是南北朝时期。徽州望族程、朱、江、胡、吴等姓正是在这样的背景下由北方迁入的。当年迁徙徽州的各个望族，沿着新安江深入到屯溪盆地之后，会先到篁墩歇一下脚，盘整一下，然后再到其他地方安居下来。篁墩就

俞氏宗祠内举行祭祀活动

俞氏宗祠内的木雕及警语

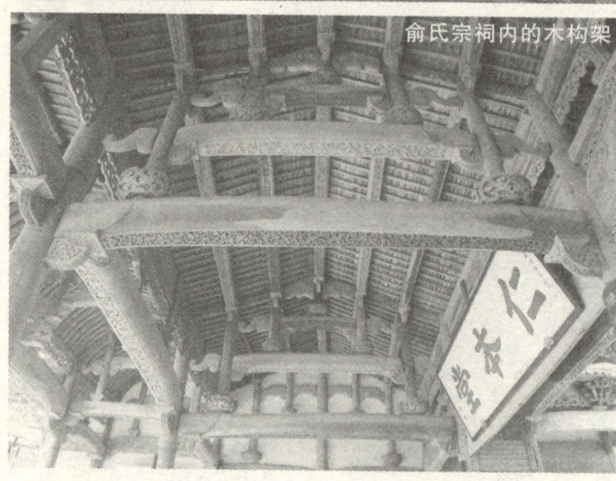
俞氏宗祠内的木构架

像路途之中的凉亭一样，招摇在徽州的风雨之中。

徽州历来就有“徽州八大姓”和“新安十五姓”的说法，所谓八大姓，是指程、汪、吴、黄、胡、王、李、方诸大姓，倘若再加上洪、余、鲍、戴、曹、江和孙诸姓，则称为新安十五姓了。新安各姓中，程氏位列于《新安大族志》之首，“新安程氏，自篁墩始”。根据程氏宗谱的记载，两晋末年永嘉之乱时，程元潭起兵镇守新安，遂为当地太守，也由此，程元潭被后人尊为新安程氏的始祖。程元潭病逝徽州之后，其子孙即以徽州为家。到了200年后的南朝梁武帝末年，侯景起兵叛乱，程元潭的后人程灵洗又从徽州起兵保卫家乡，并收复新安，后来被梁元帝萧绎任命为新安太守，并封“忠壮公”。在此之后，程氏家族一直居住在篁墩，一直到唐末黄巢农民起义时，篁墩为唐朝部将所占领，程氏族人纷纷四散逃命。动乱结束之后，一支程姓才摸摸索索重新回到篁墩，并在这里建立了程氏宗祠。

篁墩的地位重要，还在于这个弹丸小村跟纵横历史上千年的“程朱理学”有着不解之缘。这里曾是程颢、程颐兄弟和朱熹的世居地。南宋理学家朱熹在自序家世时，就提了一句：世居歙州（即徽州）歙县黄（篁）墩。关于这一点，历史上曾有人作过详详细细的考证，在这里不妨原原本本地追溯一下。

明朝成化年间，程氏后人出了一个著名文学家、大学士程敏政。程敏政曾经写过一本书，叫《新安文献志》。在书中，辑录了不少程姓先贤的资料，算是理清了程颐、程颢的家族脉络——程颐、程颢这一支是从篁墩迁到休宁，再从休宁前往河南中山博野。如果说程敏政的推断只是光凭年谱墓志铭等记述，并没有实证，尚不足以正信的话，那么，稍晚一点，确凿的证据被歙县岩寺的另一进士、做过江南布政使的方宏静找到了。方宏静有一天无意在豫章郡唐氏家中，看到了程颢写的书信，落款处盖有“忠壮公裔”印章。方宏静大喜过望，感叹说：“噫！千载之疑，而一朝决之也。”从印章上看，程颢自己承认是忠壮公程灵洗的后裔。

相比之下，朱熹家族的脉络就要清楚得多。在篁墩村中的富仑山前，有一个朱家巷，那是宋代大理学家朱熹先世的故居所在。朱熹祖上迁至婺源，对这一切，他们都并未忘怀。朱熹本人在《婺源茶院朱氏世谱后序》里曾经开宗明义地说：“熹闻之先君子太史吏部府君曰：‘吾家先世居歙州歙县之黄墩’。”也就是朱熹的父亲亲口告诉他祖居地是在篁墩。根据这本族谱，朱氏的始祖朱师古因躲避黄巢战乱，举家从苏州洗马桥迁徙篁墩（这时已改名为黄墩）。师古的儿子朱瑰奉当时的刺史陶雅之命，率领三千兵马驻守婺源，因守土有功，子孙便在婺源安了家，朱瑰也被尊称为“茶院府君”，也就是婺源朱氏的谱祖。到了朱师古的第九世孙，也就是朱熹的父亲朱松这一代，朱松被派到福建为官，举家迁往。朱熹也生在福建。但朱松年轻时曾

经在新安郡学——紫阳书院求学，来闽后，他一直思念着故乡，并刻有“紫阳书院朱某”的印章一枚。朱熹自小耳濡目染，时刻不忘自己是新安人，也常常以“新安朱熹”自称。

不仅仅是“程朱”，后来的思想家戴震，族谱显示，祖上同样也来自篁墩。这样的“巧合”真有点让人震撼了，一个弹丸之地竟然与中国历史上的几个显赫的大思想家有如此紧密的联系。

如今的篁墩，因为交通相对发达，距城市较近，遗存下来的古迹已经不多了，能供游人访古寻幽的去处，只有蛟台、鼓吹台、洗马池、烨卜桥等传说中程灵洗的遗迹，另外就是朱熹先世故居所在的朱家巷。但篁墩在所有程氏的心目中，占的分量仍然很重。几乎所有的程氏家谱中，篁墩都是一个极其关键的词汇。据说在日本，也有一部很完整的程氏家谱，在上面，同样也有着关于篁墩的很多链接。

对于篁墩，许多研究徽州的人文学者瞪大了眼睛。它在徽州诸多宗族移民史中的地位，不亚于洪洞“大槐树”之山西移民、宁化“石壁村”之于客家人等。“百代祠堂古，千村世族和。”对于徽州祠堂的兴起，篁墩同样也有着重要的“根源”意义。根脉系在篁墩的朱熹，后来著《家礼》一书，倡导人们建祠堂、明世系等，或许就是受此灵山圣水的洗礼而启发的。

古代徽州人在宗族观念的强化上，主要是通过建祠堂、修族谱、定族规的手段而得以实现的。在徽州，每一个家族都有一部甚至数部家谱。随着人口的增长和迁徙，大宗派生出小宗，小宗又新派生出更小宗，就像大树屡发新枝一样。而家谱也因此变得厚重起来，枝丫分为通谱、世谱、总族谱、分族谱、统宗谱、大同宗谱和小宗谱，等等，一姓一氏的谱乘往往多达成千上万种。

家谱是见诸文字的东西，而祠堂，则是宗族的外在形态和物化载体。在徽州，人们世代围祠而居。一般来说，家族除了拥有一个共同的总祠外，还根据子孙的繁衍和增多，相应地衍生出一些按血缘远近组成的次级血缘单位，也建起他们独立的祠堂，这就是“支祠”。当这些姓氏的分支余脉遍布徽州每一处，数百年世系不乱，谓为“纯族”。徽州的名宗望族往往有着几个甚至几十个祠堂，在一定程度上超过了他们聚居的村落的数字。

“相逢哪用问姓名，但问高居是何村。”当路上相逢时，徽州人不问对方名姓，只须通报居住地在哪一村，就知道对方是否同一个祠堂（总祠），是否同宗亲邻。

朱熹在其著作《家礼》中，提出了加强宗族凝聚力的说法，提倡建祠堂并要求世人明世系、墓祭始祖和先祖，置祭田等。徽州，一直是朱熹思想的鼎力执行者。在徽州民间，朱熹的《家礼》经常是被当作供物一样祭祀。在程朱理学思想的影响下，尊祖敬宗、崇尚孝道成为了徽州人的重要习俗。据《新安黄氏大宗谱》记载，早在宋代，休宁县杏林黄氏宗族就曾修建一座黄氏宗祠；而据婺源《清华胡氏族谱》记载，元朝泰定元年（1324），婺源县清华胡氏宗族子弟胡升，“将先人别墅改为家庙，一堂五室，中奉始祖散骑常侍，左右二昭二穆；为门三间，藏祭品于东，藏家谱于西，饰以苍黝，皆制也”。不过，宋元时期的徽州祠堂，还在慢慢生发中，尚未蔚然成风。

徽州大建祠堂之风，兴起于明嘉靖、万历年间。明朝嘉靖十五年，公元1536年，当时的礼部尚书夏言上《令臣民得祭始祖立家庙疏》，获得嘉靖帝恩准，开始了中国古代“臣庶祠堂之制”的重大改革，“天下得祀其始祖”，“祖不以世限，而人皆得尽其孝子慈孙之情矣”。民间开始大规模修建祠堂，徽州各宗族亦掀起了建造祠堂的高潮，祠堂文化自此大放光彩。据统计，徽州早期的祠堂有36座，其中明嘉靖年间建造的有12座，万历年间建造的有9座。目前，歙县现存最早的祠堂就建于明弘治年间。

就这样，徽州祠堂在新安山水之间耸峙着，成为徽州人祭祀祖先和举行宗族重大活动的不可或缺的场所。清人赵吉士在《寄园寄所寄》中说：“新安各姓，聚族而居，绝无杂姓搀入者。其风最为近古，出入齿让，姓各有宗祠统之，岁时伏腊，一姓村中，千丁皆集，祭用朱子《家礼》，彬彬合度。”

徽州祠堂的林立，同样与徽商有很大关系。没有徽商付诸的巨大财力、物力

以及人力，徽州不可能建造出那么多雄伟壮丽的祠堂。徽商致富后，无不以修祠缮谱为急，这也成为一种风俗传统，徽州的大部分祠堂兴建于徽商鼎盛时期，徽州区呈坎的罗东舒祠、绩溪龙川的胡氏宗祠、歙县郑村的郑氏宗祠、休宁溪头的三槐堂、婺源汪口的俞氏宗祠、歙县大阜的潘氏宗祠、北岸的吴氏宗祠等明清祠堂，无不画栋飞檐，气势雄浑，显示了相当的财力。休宁县溪头村的三槐堂，是全国重点文物保护单位，有“金銮殿”之称，为明万历三十年（1602）王经天（溪头村王家三兄弟的老二，曾任河北栾城知县）倡导建造的王家祠堂，因建造时庭院中栽有三棵槐树而得名。三槐堂原有三进十一开间，共约 1500 平方米。20 世纪 50 年代，最后一进因破烂欲倾，被王姓族人拆掉。其中仅一进和二进，就有 182 根立柱，主柱围粗达 1.4 米，柱子上支

休宁三槐堂内部

休宁三槐堂立柱

撑雕镂平盘斗，梁下用雕花雀替承托梁头，檐口斗拱均为五踩，柱头科为插拱，平身科为十字形斗拱。两进之间有一个大天井，四周有回廊，大天井两厢均有配厅，面对着各自小天井；二进是正厅和两个边厅，也各有小天井，整个大厅内含九个小厅。另外，所有的枋与枋之间的隔墙，其外表粉刷了石灰粉，内里则是由黄

泥糊起来的干芦苇席，覆盖的屋顶共有三层，即望砖（屋面砖）、望板、灰瓦。在明代，望砖为正方形，到了清代则是长方形的了，望砖衔接严实，否则一旦错位就会掉下来。三槐堂的构建宏大，气势非凡，在徽州明代建筑中比较罕见，据说因为超越了“庶家”规格，曾惊动朝廷，王氏一族差点因此招来杀身之祸。徽州祠堂的整体布局、设计和内部装饰，是全国其他地方祠堂所难以比拟的。它是徽商雄风的见证和积淀，是徽州文化的典型体现。

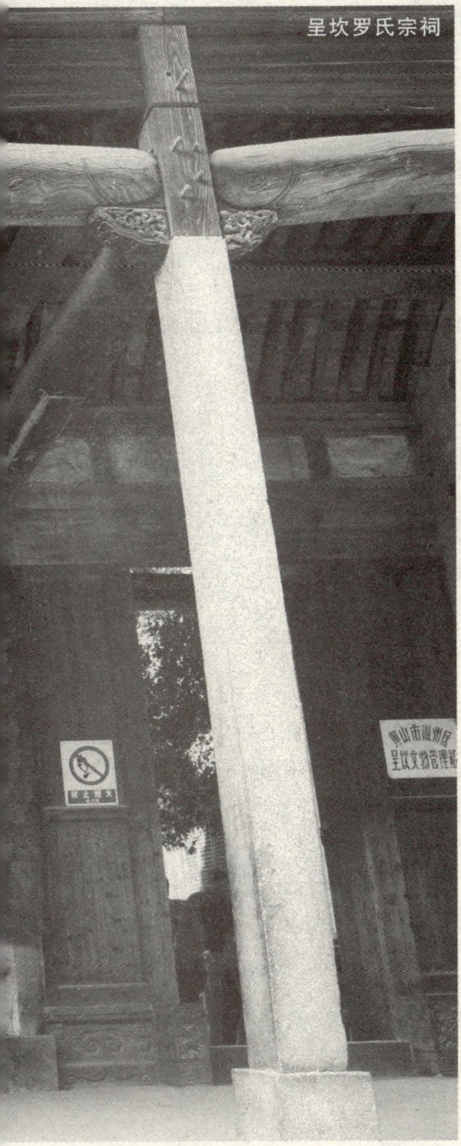

呈坎罗氏宗祠

六　美轮美奂

在徽州，最恢弘的古建筑，首推祠堂。徽州古祠堂美轮美奂，是徽州古建筑工艺和文化的代表。

徽州祠堂大多为三进砖木式结构建筑。第一进被称为“仪门”，或者是“大门”、“门楼”。第一进的门楼由大门和门厅组成，一般为歇山式建筑。面阔五至七间，进深两间。门楼由数十根粗大的立柱和月梁组成主体结构，前后用跳或翘将屋檐前挑达 1 米多，形成高翘的大翼角，犹如凤凰展翅欲飞。所以，徽州宗祠的门楼又被称为“五凤楼”。五凤楼下中间的大门叫“仪门”；而前一道临街的则被称为“棂星门”。每座宗祠平时只开中门栏栅门和二道的侧门，举行重大宗族活动时，才打开仪门。仪门上画的门神，是唐朝开国将领秦琼和尉迟恭的形象，在民间，他们一直是看家护院的保护神。过了门楼，就是天井了，天井里多用石板铺设甬道。甬道平时不让人走，只有宗族举办重大活动时，宗族中德高望重的长者，才能从仪门进入，踏上甬道，走上正厅。甬道两侧的空地上，一般会各植一棵柏树，或者是桂花树，寓意宗族代代兴旺富贵。天井两侧还建有回廊，既遮风挡雨，也便于举办酒席时摆桌，届时族中各房子孙依序集于廊下会餐，以增进宗族子弟之间的族谊。

徽州祠堂的第二进为享堂，是宗祠的主体部分。享堂一般要比第一进高出几级台阶。作为祭祀祖先和处理族间大事的场所，享堂一般建得高大雄伟。

徽州祠堂的第三进是寝楼或者说寝殿。寝楼是供奉祖先牌位的地方，也是宗祠最重要的部分，祖先牌位及供桌靠后墙摆放，前面留出大部分空间作为族人跪拜之用。从享堂还要再上几级台阶才进入寝楼，而整座宗祠从大门到寝楼，由低到高、步步向上，为的是显示祖先居于崇高地位，也是出于营造庄严肃穆的气氛需要。

宗祠内祖先灵位的排放，以尊卑为依据分为两类。一类是尊者，包括始祖、创建宗族的数代祖先和有功有德的祖先。他们被永远供奉在寝楼的神龛内，享受着子孙后代的祭拜。还有一类属于卑者，就是没有功德的祖先，他们的灵位，“五世则迁”。古人认为，凡族人，五服以内为亲，五服以外为亲尽，所以在五世后，也就是当玄孙死绝，没有功德的高祖灵位就从宗祠内被迁出。

就形制而言，徽州祠堂有的是从祖先故居演变而来的，有的是以朱熹《家礼》为蓝本而构建的，有的是独立于居室之外的，还有的则是祭祖于家，朝夕为敬。从祠堂与宗族的关系来看，徽州祠堂可分为宗祠与支祠、家祠，以及统领各分支余脉迁居他乡建立的宗祠的统宗祠。在徽州，一个古村落往往不止一个祠堂。同一姓氏的直系亲属围绕着自己的家祠建造住宅，而家祠及相关建筑则环绕在支祠周围；支祠是同一姓氏、同一支脉繁衍的后代亲属所共建，它们簇拥于宗祠的周围，而宗祠也就是同一姓氏的总祠。西递村有 9 座支祠，而敬爱堂则是全村的总祠；歙县许村、昌溪的总祠与支祠曾有 10 多座,现存的尚有一半左右。通过家祠、支祠、宗祠之间的层层隶属、统领关系,徽州人的血缘关系和宗法组织,呈现出如古榕树一样的枝枝丫丫现象。

对于祠堂的建筑结构,国内一些专家将其大致分为天井式和廊院式两类,在这里我们作些介绍。

天井式祠堂,其平面、外观、梁架和装饰,与徽州"四水归堂"式民居几乎相同,有些祠堂本来就是住宅。不过,仅由于功能不一样,天井、堂的比例、尺度有所不同。民居有楼层,祠堂则多是一层建筑,在结构、装饰等方面,也表现出一些不尽相同的特征。

一般而言,家祠和较小的支祠为天井式祠堂,主要有三种情形:一是祖堂,一般设于楼层明间;二是按《家礼》所设之祠。朱熹《家礼》规定,祠立于正寝,设四龛。其形制是前为门屋,后为寝堂,寝兼作祭祀之所。堂为三间,中设门,堂前为二阶,东曰阼阶,西曰宾阶。元末明初时,徽州都如《家礼》之制立祠,这种平面形式与当地"四水归堂"式住宅十分相似。三是故居之祠,就是由祖先故居演变而来的祠堂,它在徽州较《家礼》之祠更为普遍,主要祭祀分迁始祖以及各门别祖。这种形式的祠堂,不论是子孙以祖先故居为宗祠,还是按《家礼》祠堂之制兴建,死后以宅为祠,都与住宅类似。天井式祠堂由于从住宅演变而来,或者原本就是住宅,所以其形制介于住宅与祠堂之间,而且更多地接近住宅。这类祠堂大多位于乡村中,与其他建筑风格相同,正立面很简洁,山面砌出混水薄缝板,从外观上看,与住宅很难区别。

较大型的支祠和宗祠(总祠),在建筑结构上属于廊院式祠堂。与天井式祠堂不同的是,它较多地保留了四合院式建筑的格局,接近廊院古制。徽州廊院式祠堂独立于居室之外,基本部分采用四合院式。祠堂一般一层,由三、四进院落组成,有的横向还有跨院。轴线上有大门,院内有碑亭。过了仪门,便是第二进大院,甬道通达享堂。第三进有天井,寝堂建在高台基上。从仪门到享堂、寝堂之间,以过厢或廊相连接。这类祠堂规模宏大,空间层次丰富,享堂前院尤其宽敞。

整体来看,祠堂前的空间序列设计,容易让人们产生压抑心理,给人以肃穆、庄严的感觉。廊院式祠堂正立面相当气派、豪华，门楼及屋顶发展至清代，出现了民间可以采用的最高级五凤楼式结构，有的还在大门前置放石狮，两侧八字墙上饰以细腻的砖雕，其余三面比较简洁。廊院式祠堂的结构、装修做法，与徽州大型宅第大致相同，只是梁架用材更为硕大，前檐柱还采用木石组合柱。廊院式祠堂的结构普遍使用草架，以及覆水椽等。斗拱类型较住宅复杂，插拱可达七踩，节头多为象鼻、凤头、如意，有时上面装有翼形云板。除砖雕门楼、木雕梁架外，在栏杆等处还大量使用石雕，也为徽州一般民居所不及。这类祠堂的不少梁枋、檩等构件木地上，绘有精致的彩画，构图设色为“杂式彩绘”，不同于北方的繁丽风格。

作为当时重要的公共建筑，宗祠位置突出，环境优美，多置于村落的出入要冲

呈坎罗氏宗祠内的宝纶阁

呈坎罗东舒先生祠旁的女祠

或者中心地带，傍山或置于有坡度的地方，建筑依地形渐次高起，与生活空间间隔有一定的合适距离。祠堂大门前建牌坊或者照壁，形成祠坦，有的前面还建有水池等。

徽州的祠堂规模宏大，装饰精美，建筑耗费惊人。20世纪60年代就被列为“国保单位”的呈坎前罗氏宗祠，相传光白银就花了1亿两。呈坎的前罗氏宗祠全称是“贞靖罗东舒先生祠”，整体上仿曲阜孔庙等规制，非常少见，它四进四院，轴线对称，前有高大的棂星门和仪门，中为享堂，享堂和庭院可容纳三四千人跪拜，第三进为寝楼，名曰“宝纶阁”。

生于宋末元初的罗东舒，是一位经天纬地的奇才，但在乱世之中，清高耿介的罗东舒雄心和抱负却无法实现，只好以陶渊明为榜样归隐田园，元朝廷多次聘请他为高官，都遭到拒绝。陶渊明自号“靖节”，罗东舒就自号“贞靖”，表示决不与元朝合作，以维护着自己的名声。

罗东舒不愿当官，却愿意花很长时间为呈坎罗氏宗族整理族谱。罗东舒怀着对祖先的恭敬和感恩，兢兢业业，一丝不苟，“凡先世茔墓逐一稽考”。因为罗东舒梳理了罗氏宗族的脉络，办了大事，所以呈坎罗姓族人一直对他感恩戴德。很多年过去了，人们依旧忘不了这个为家族作出很大贡献的大儒。有一年修祠堂，有长老提议，把罗氏祠堂命名为“贞靖罗东舒先生祠”。这样的建议，得到了呈坎罗姓成员的一致认可。

气势恢弘的宝纶阁

罗东舒祠陆续造了 70 年。在这 70 年中，呈坎罗氏的好几代人都在为它添砖加瓦。开头的是罗洁宗，这是 1542 年的事情；收工的则是罗应鹤。当祠堂勾勒完最后一笔图案时，已经是 1617 年的秋天了。新祠堂落成那一天，全体罗氏家族的人都聚集在祠堂里，肃然而立，然后静穆地注视高悬着的“贞靖罗东舒先生祠”巨匾。

宝纶阁的彩绘之一

宝纶阁的彩绘之二

这个足足花了 70 年才建起的族祠，的确值得罗氏人骄傲——高大门楼的雕刻以历史戏文和龙狮相舞为主体图案。祠堂占地 5 余亩，建筑面积达 3000 多平方米，北侧有厨房、杂院，南侧有女祠，整个祠堂气势非凡，精雅恢弘，直到今

宝纶阁的立柱四面内凹，廊庑呈轿顶式

宝纶阁精美的石栏板

天还可以睥睨周围的其他建筑。

“宝纶阁”是整个祠堂的精华部分，分上下两层，前后却隔了 20 年时间，底层建于明嘉靖年间，上层建于明万历年间，由当时的监察御史和大理寺丞罗应鹤主持。宝纶阁由九楹外加置阁梯的二楹共 11 间组成，形制宏伟。在宝纶阁里，天井与楼层间由黟县青石板栏杆相隔，石栏板上饰有花草、几何图案浮雕，画面内容无一雷同；三道台阶扶栏的望柱头上，都装饰有圆雕石狮；台阶上 10 根面向内凹成“弧身”的石柱屹立前沿，几十根圆柱拱立其后，架起纵横交错的月梁；屋梁两端皆为椭圆形梁托，梁托上雕刻着彩云、飘带，中间分别镂成麒麟和老虎，檩上镶嵌片片花雕，连梁脐都刻有蟠龙、孔雀、水仙花、鲤鱼吐水等，仰首凝望，令人目眩；横梁上的一些彩绘，至今仍鲜艳夺目。

宝纶阁的正面

宗祠修好之后，每隔数十年，呈坎的长老们便聚集在祠堂中，要求重修家谱，并借此整顿整个家族的脉系。于是，在溯本求源的基础上，把村里的罗姓分为一甲、二甲、三甲……每甲设置一个祠堂，即一甲祠、二甲祠、三甲祠……每座支祠也设立一个族长，由各甲人员推选而成。族长对全甲人员的教育、伦理、生产、生活之事负责。在此之上又设立一个总族长，对各甲之间的事情进行协调和总管。每甲之间也有较分明的位置安排，各甲之间分别向纵深处扩散，不可以侵占别人的领地。

罗东舒祠里一进高过一进，后进外墙高达 16 米以上；前阶的沿石，是用长 6 米、宽 1 米、厚 15 厘米的花岗岩石铺成，这一结构和规模在江南地区极为罕见；院内，一株 400 多年的桂花树依然枝繁叶茂；罗东舒祠内也有天井，寓意还是“四水归堂”，但四水归堂在这里不仅仅象征着财源兴旺，也象征着人丁兴旺、家族源远，如天水一样长流不息。对于罗东舒祠，古建专家郑孝燮评价说：“非常雄伟有气魄，造型比例好极了，是当之无愧的国宝。”

呈坎村还有一座祠堂，为后罗氏宗族的罗氏文献家庙，三进七开间，规模宏大。它纵深 135 米，宽 21.3 米，占地面积达 2875.5 平方米。在第一进和第二进、第二进和第三进之间，各有一个近 50 米长的大院。由于呈坎罗氏有二宗，始祖罗文昌和罗秋隐俩是堂兄弟，自唐末由江西南昌柏林迁徙至呈坎，弟弟文昌居于前村，为前族始祖，曰前罗；哥哥秋隐居于后村，为后族始祖，曰后罗。故呈坎有前罗、后罗之称。随着前后罗族的兴旺，不仅文昌、秋隐两人后裔分别建起前后罗氏两座宗祠，而两族下属各支内部和小分支（即房）也纷纷建立起支祠和房（家）祠。徽州规模宏大的祠堂，还有黟县南屏村的叙秩堂、奎光堂等祠堂群，由于这里聚居着叶、李、程三大宗族，所以各姓都有自己的宗祠(总祠) 、支祠和家祠，祠堂密集，高高低低，气势嵯峨。其中最大的叶氏支祠“奎光堂”，几经改建，到清乾隆年间才算定型，这是一座三进五开间的徽州祠堂建筑，祠堂四周砌有高耸的砖墙，仪门、享堂、寝室梁架用 86 根硕大木柱和石柱支撑，占地面积达 1000 平方米。

歙县北岸镇的两个祠堂——吴家祠堂和潘家祠堂，在建筑上也是宏大精美，各具特色。它们分属北岸村（又名北溪村）的吴姓以及离北岸村不远的大阜潘姓。吴氏宗祠的正面墙体呈八字形状，两边檐角如飞翔的翅膀，迎面墙体上装饰着奇花异草、八仙宝器等图样的砖雕木刻，虽经风雨剥蚀，仍旧精致华美。吴氏宗祠是典型的徽派祠堂，它分为门厅、享堂和寝殿三进。穿过厚实的大门，两旁是精刻细镂的厢房。厢房是筹备祭礼仪式的地方，在这里，预备着祭祀的各式供品。拾级而上，是能容纳千余人的享堂，吴氏宗祠的享堂名为“叙伦堂”，堂上两排十余根屋柱每根均需两人方能合抱，梁架勾勒迂回，气势端庄，其中享堂的月梁、金柱粗硕宏大，据说为徽州祠堂之最，檐前有黟青石栏，望柱头刻有石狮，栏板刻有“西湖十景”，洗练精致。享堂之后，石阶天井之上，是安息吴姓列祖列宗灵位的寝殿。即使是在灵位席上，先祖们也有如生前般严格的等级辈分。寝殿台基前立石柱，与两边台阶垂带石栏相接。下方栏板刻有“百鹿图”通景，群鹿千姿百态，隐现山林间。

与吴氏祠堂一水相隔的大阜村潘家祠堂，始建于明朝万历年间，清咸丰年间被兵燹所毁，同治年间潘氏族人集资重修。潘氏是徽州的大姓，而它的“根据地”，就是大阜了。潘氏同样也有着来历，据说源于唐代的一位刺史，原来生活在福建一带，后来曾在徽州为官，因为黄巢起义，无法还乡，便在北岸附近的大阜定居下来，在此之后，陆续散落在徽州甚至江南各地。潘家祠堂最独特的地方在于中进大厅的雀替之处，雕有百匹形态各异的骏马，精美异常，俗称“百马图”。在徽州祠堂中，木梁、雀替上雕刻马的形状，比较少见。可能是因为潘家早年的祖先属马吧，或者是潘家对于马特别有情感。这个祠堂的享堂里，有许多精彩的木雕，比如“白鹤闹菊”、“双凤戏牡丹”、“鸳鸯戏荷”等。

位于歙县南部的古村昌溪，遗存的古祠达 16 座，无比壮观。其中吴氏宗祠，还留有当年朱元璋题字的大匾：第一世家。据悉，皇帝为家族所题写的牌匾，仅此一个。这个牌匾是有来历的———朱元璋起兵后，南下浙江，在杭州一带败给了元兵，便顺着新安江退到昌溪休整。昌溪当地居民对于朱元璋的抗元义军给予了很大的支持。朱元璋在这里整肃了军队之后，重新向浙江进发，结果打了一个大胜仗，收复了浙江一带。因为如此，朱元璋对于昌溪百姓异常感激，他当上皇帝之后，昌溪吴氏家族去金陵找他，朱元璋想起了那一段最困苦的时光，百感交集，欣然为吴氏宗祠题匾一张。

昌溪古祠的特色，主要体现在元末的“太湖祠”、明代的“六顺堂”以及清代的“寿乐堂”。其中，“太湖祠”是为纪念昌溪吴氏始祖而建。相传昌溪吴氏是南宋末年从浙江溯江而上的，到了昌溪一带后，觉得此地风光优美，古树林立，非常适宜居家，于是吴姓人氏便在此地安居下来。始祖去世之后，后人把他安葬在“太湖丘”旁，到了元朝末年，兴旺发达的吴氏为了纪念这个泽被后世的始祖，便在这里建造了雄伟的“太湖祠”。

“太湖祠”前的场地很大，可以容纳六七千人，祠外主墙角高高崛起，8只大鳄昂首凌空。祠分三进两门堂、五间六厢，为砖木结构，其中梁枋、柱础、斗拱、雀替、屋面上皆有精致的雕刻，最难得的是后进梁拱上雕饰的“百兽图”，形态各异，栩栩如生。

“寿乐堂”虽建筑较晚，但其工艺、选料、造型更为讲究，从各方面说，它都堪称经典，曾作为代表性江南祠堂收录进《中国建筑史》。该祠堂整体结构分为前后三进，在祠前，有一座木质牌坊，这在徽州的牌坊中，还不多见。《中国建筑史》评价说：造型布局之合理，雕刻技艺之精湛，保护如此完好的木牌坊，在全国也仅此一处。木牌坊全由楠木制成，四柱为木制，用抱鼓石支撑，上部也是木制，架置重檐木枋，八角翘起，甚是雄伟。

因为追求形制上的宏大，也是为了光宗耀祖，体现宗族的势力，徽州祠堂一般造价颇高，耗资巨大。歙县昉溪许邦门修建祠堂，花了7年时间，用款上万两，工费浩大；桂溪项氏宗族修建宗祠，宗族子弟集资7000多银两，从康熙四十八年到乾隆十九年的75年中，维修、扩建4次，耗银竟达9800两，其中康熙四十二年一次维修就耗银6000余两。休宁竹林汪氏宗族修建宗祠，从乾隆二十六年开工到三十二年告竣，历时六载，共67大项开支，耗银38000多两，其中大厅木料支银2500多两，木匠、工匠的费用支银将近7000两。

徽州的祠堂装饰精美，具有极高的艺术价值。徽州的每座祠堂，都有精致的木雕、砖雕和石雕构件。比如绩溪龙川胡氏宗祠，比如婺源汪口的俞氏宗祠、歙县大阜的潘氏宗祠、屏山舒庆余祠堂、西递的敬爱堂、呈坎的罗氏宗祠、屯溪篁墩的程氏祠堂、绩溪华阳的周氏宗祠、黟县南屏的叶氏宗祠、休宁溪头三槐堂……在徽州，几乎每一个宗族的祠堂都是杰作，都修建得气势磅礴，精美绝伦。

七　教化殿堂

香火烈焰，纸钱飞舞，鞭炮震天，数百上千的宗族子孙，聚集在祠堂内外，齐刷刷地叩首，叩首，再叩首。当年的徽州，每逢节日，总要出现这样隆重而肃穆的景象。祠堂是徽州人展示政治、礼仪、精神文化的一个中心舞台。

歙县北岸镇现存的吴家祠堂和潘家祠堂，就见证了徽州宗族祭祀礼仪的过程。

每年的冬至，是北岸村吴姓祭祀之日，天刚刚放亮，吴姓的男女老少就在锣声的招引下，齐聚在宗祠前的广场上，广场插满旗杆，每一个旗杆，都是为了纪念吴姓人氏当中出类拔萃的人物。时间一到，鼓乐齐鸣，祠堂大门庄严打开，人们在族长的引领下，秩序井然地进入享堂。钟、磬合击三下之后，主祭宣布祭礼开始。其后依次是歃毛血、降神、参神鞠躬拜、读祝、化财、望燎……这都是礼仪的程序，复杂繁缛，进行得一丝不苟。其间，猪、羊、鸡、鱼、馔、帛等供品一字排列在祖宗的牌位之前，焚烧的烟火在祠堂里弥漫缭绕。然后，便是朗读明太祖朱元璋的《圣训》："孝顺父母，恭敬长上，和睦乡里，教训子孙，各安生理，无(毋)作非为。"接着朗读宋儒陈古灵的《劝谕文》："为吾民者，父义母慈，兄友弟

北岸村吴氏宗祠

恭,子孝妇顺;夫妇有恩,男女有别,子弟有学,乡闾有礼;贫穷患难,亲戚相救,婚姻死丧,领保相助。毋情农业,毋作盗贼,毋学赌博,毋好争讼;毋以强凌弱,毋以恶凌善,毋以富吞贫;行者让路,耕者让畔,斑白都不负戴于道路,则为礼义之俗矣!”

除了每年的冬至祭礼之外,吴氏宗祠大门开启之时,往往是族中发生或即将发生大事之日。享堂上有 8 把又高又大的木椅,是族长和执事们议决村中事务的座位。在这里,族中长老们通常会对吴姓家族的一些重要事宜进行议政,比如鳏寡孤独需要捐助,亭榭路桥、农田水利需要修缮,等等;而一旦族中子弟有“作奸犯科,败先人之成业,辱父母之家声”的行为,则被“众执于祠”,甚至会施以剁指、剜目等残酷刑罚。

徽州的宗祠,从一开始就有浓烈的宗族烙印。徽州“邑行宗法,姓各有祠,支分派别,复为支祠”,为的是“报本追远之心,尊祖敬宗之意”。祭祀祖先,是徽州祠堂所担负的最重要的一项职能。在祠堂中,通过对祖先的祭拜,人们获得血缘与心理上的认同,增强了族群的凝聚力。冥冥之中,似乎还获得了与先人的心灵沟通。在乡土社会中,宗祠一度是人们信仰的依托所在,是人们趋吉避凶、念念相求的“保护伞”。祠堂就像农耕社会的血脉图腾,在时间的上空放射出耀眼的光芒。

徽州的祠堂,主要有五个方面的作用:敬祖、誉祖、励学、议事和执法。徽州祠堂所要承担和解决的,无非是对历史的承继、对今世的操作、对未来的期望,也因此,“教化”的职责和功能,是贯穿它的始终的。对于一个宗族来说,祠堂的地位显著,自然神圣而不可侵犯。他们除了在祠堂里祭祀,还在里面商议、处理诸多重大事务,涉及修谱、赈济、兴学、修桥筑路、重大庆典、惩办违犯族规者,以及调解、处理族内族外纠纷。

由于徽州独特的地理以及人文环境,历史上这里的宗法制度较其他地方远为兴旺和完整。也有学者认为,明代中期商品经济的繁荣和资本主义生产关系萌芽的出现,所引起的徽州社会变化,冲击了徽州的宗族统治,因此许多宗族才大量建造祠堂,以加强宗族观念和宗族团结,巩固宗族组织和宗族制度。不管怎样，在宗族制度发达的徽州，并没有像人们通常印象中的那样，因为商品经济的发展，乡土社会中的宗族制度和宗法观念被逐步瓦解。

徽州的宗族大多制定了族规家法。这些族规家法或收录于族谱，也有的缮列粉牌，悬挂于祠内，或者刻石立碑于祠堂内。比如，呈坎罗东舒先生祠内，就保存有《新祠八则》8 块粉牌；龙川胡氏宗祠内，则刻有告诫族人的石碑。族规的内容主要涉及宗族内部成员的关系，如父子、兄弟、夫妻关系和祭祀、族产、外戚、旌表，以及宗族与外部社会成员的关系，如与国家、乡里、外戚、奴仆关系等。对宗族成员进行伦理道德上的劝谕，包括尊敬祖宗、孝敬长辈、安分守己、服从约束，等等。对触犯宗规者的处罚，有物质上的罚银，肉体上的拷打，情节严重者还施以酷刑，以至活埋处死。如果被判罚，则生不得入先祠，死不得入祖茔，这无异是一种最严酷的精神挞伐，因为它割断了他与祖先精神联系的脐带。

作为封建宗法制度的载体和族权自治的象征，徽州的宗祠，一方面宣扬、物化了宗法思想和宗族观念，另一方面又通过举办祭祀祖先、议决重大事务等活动，进一步营造和强化这种氛围和观念。在明清以后，徽州宗祠所具有的控制功能，更是得以强化。明代的政权机构只设到县一级，县以下的乡村社会管理，主要为里甲制。清承明制，并发展成为保甲制。在很大程度上，徽州乡村与中国的乡村一样，社会管理实际上是由宗族来承担的。族长，又是里正、里长，在宗族中拥有绝对的精神统治的地位，并具有准官僚的身份。族长作出的裁决、决定，对于聚族而居的整个宗族来说，是铁板钉钉的。

北岸大阜村的潘家祠堂，每年进行的祭祀的做法和内容，与吴氏宗祠如出一辙。数百年来，大阜潘家有许多人侨居异地他乡，并且在当地落户生根。这些侨居他乡的潘家人，有很多能记得自己的来历，他们时常回到大阜潘家总祠祭祖。清光绪九年（1883），侨居苏州的

大阜村潘家祠堂

潘介福在回到大阜的潘家祠堂祭祖后，曾经作有《癸未省墓日记》，在日记中，潘介福详细地描述了祭祖的过程，这对于了解徽州的祭祀风俗和宗法制度，有着参考价值：

> 八月十四日……晚诣宗祠。明白秋祭，敬观陈设：中堂设香案，陈纸瓶中。问之，曰祭瓶。一香案，陈祭器数盘……
>
> 十五日，四五人起，肃衣冠，诣宗祠。有顷，奏乐、参神、迎神三匝。主祭一人，副主祭一人，分献四人，执事八人，分立堂左右，行三献礼。由堂下至内寝，乐人随同升降，共十余次。祭时天色已明，行阖门礼……

这些祭祀所行的三献礼，是依照朱熹《家礼》之制而来的，看起来，这种祭祖仪式繁琐无比。但在宗族看来，如果没有这样的繁琐，就不足以表达后辈的崇敬和谦恭。

据了解，徽州祠堂的祭祀分春

祭、中元、秋祭、冬祭、祖先诞辰、祖先忌日等。根据祖制,冬至是祭始祖,立春祭先祖,秋分则是祭死去的父亲。徽州最普遍、最隆重的也就是春、秋、冬三祭。祭祀时,要鸣锣敲鼓,通知男性族人,齐集祠堂,逾时不到,要受惩罚。祭祀时,有的享堂容纳不下众多支丁,人们就不得不站在祠堂的外边。也因此,徽州的宗祠越建越大,那是为了泽被同族,彰显宗族的荣誉和面子。

除了祭祖,宗祠有时还用来做社,祭神与祭祖是并行不悖的。“社则有屋,宗则有祠。”祠是表示一姓一族的存在,而社则象征了一族在一地的存在,两者分别是血缘关系和地缘关系的文化载体。在徽州,做社与祭祖往往有着水乳交融的关系,两者大多在春秋四时举办。徽州盛行的赛琼碗,就是为了纪念隋末徽州的郡守汪华。汪华为保障徽州平安,归顺了唐朝,使得徽州以及附近地区免遭兵燹之苦。在徽州民间,汪华一直被尊为“汪公大帝”、“太阳菩萨”,徽州人还为汪华建造了很多祠庙,并有相应的做社活动。

在绩溪伏岭,当地的程姓男子,逢30岁,便要“做生”,也就是庆寿;逢40岁要“做社”。做社的场面壮观,逢有40岁男子的家庭,要在农历大年三十早上,点上香烛,“请”出养了几年、重达几百公斤的社猪,并挂出祖先的容像,炸响鞭炮,杀了社猪,领先请人杀猪的,是40岁男子中月份大的,然后是挨个儿动手,社猪杀好后,只掏空内脏,外表看起来还是整猪一样。已经没了生命的社猪,被人系上红绸子,披红挂彩,全部在午时后被送到宗祠,到了宗祠,还要念祝词。到了新年的正月初一,宗祠对族人开放,并举行祭拜仪式。程家满18岁的小伙子,当天可以去祠堂拿40岁人家用面粉做的寿包。正月初二,40岁的程姓男子要请人将社猪从宗祠里抬出来,抬到祭祀“汪公大帝”的社庙,待族长讲完话后,先前负责杀猪的人手起刀落,将猪头砍下来,系挂在40岁的男子身上。由于猪头较大,一般都是雇人挂着猪头,然后跟比赛一样,看谁跑得快并先到家,以此寓意他的寿命长。

清朝苏州才子沈三白的《浮生六记》，也记载了徽州做社的一些情况。沈三白应约到了绩溪游玩时，正赶上12个村子自发组织的一年一轮值的花果会，当年举办花果会的就是离县城10来里路的仁里村。听到这个消息之后，沈三白兴奋异常，但苦无轿马，最后还是让人断竹为杠，缚椅为轿，雇人肩之而去。

沈三白看到些什么呢？一进村口，他就看到一个大庙，庙前空旷的地方搭起了戏台，浓墨重彩，极其漂亮。走近一看，那是用纸扎的彩画，并抹以油漆。锣声忽至，4个人抬着像断柱一样粗细的蜡烛进来，后面跟着8个人抬着一头养了几年的牯牛大的猪。猪是当场杀的，杀完之后便在庙中上了供。进庙之后，见到大面积的盆景展览。这时候外面人声鼎沸、锣鼓喧天——做社的一个重要内容就是唱戏，戏开场了，四方八邻如潮水一样涌过来。

沈三白见到的唱大戏，在徽州，再正常不过。明朝之后，观戏听曲已成为徽州百姓重要的生活内容。出钱的，当然是各个村的富商。有时候戏班子会在村中连本唱个三五天，甚至七八天半个月。那往往是全本的《目连救母》。戏接近于傩戏，主要叙述目连成佛之后，拯救他下地狱的母亲。目连救母主要阐述善有善报、恶有恶报的主题。戏唱到精彩之处，万余人在台下齐声呐喊。

一方面是唱戏，另一方面呢，则是供祭。做社之时，在宗祠的享堂中，会摆上很多品种多样、花色繁多的祭品。这些祭品荤素搭配，有主有次。仪式开始，食物先供先人、神灵"品尝"，然后，仪式结束，宗族成员会围聚在一起，大快朵颐。徽州的祠堂、社庙在这里一直扮演通灵的角色，为了通神、敬神、娱神，也是为了慰己、娱己，在天、地、人三者之间，它们是串连的线。当然，祭祀完成后，宗族成员在一起的聚餐，也是为了利用这种机会进行交流，增加宗族成员之间的和睦关系。不过，在谈论赡养、教育等生活问题时，人们不能随随便便议论别人的过失。

徽州的祠堂，同样也是硕大而压抑的。徽州祠堂承载了许多的教条和传统，压得人喘不过气来，也造成了不少人间悲剧。

在歙县棠樾村西端，除了"男祠"敦本堂外，还有一座靠近牌坊群的女性祠

堂“清懿堂”，建于清朝嘉庆年间，是两淮盐法道员鲍启运筹划和主持兴建的，专奉女性灵位。走进祠堂，扑面而来的是令人窒息的气息。据记载，明清两代，棠樾鲍氏贞节烈女达 59 人之多，她们的牌位依次排列在女祠享堂的龛座上。清懿堂坐南朝北，取阴阳相悖之意。“清懿堂”三个大字的巨匾高悬在享堂照壁正中，出自一位鲍姓书法家之手，另一块“贞烈两全”的横匾，则是清代名人曾国藩所书写。堂以“清懿”为名，取的是“清白贞烈、德行美好”之意。

“清懿祠”的出现，看起来是一件很奇怪的事情。在男尊女卑的封建时代，女子一般与祠堂是无缘的，她们的名字不能忝列宗谱，女性祖先在祠堂里也没有牌位，甚至在举行祭祀活动时，她们连祠堂的大门都不能进入。建造这座女祠的真正目的，想必还是控制吧，从身心上，加强对女性的控制，使得她们牺牲自己的一切，以服从那个所谓的“天理”。

除了棠樾的这座“清懿祠”外，在呈坎村还保留有三座女祠，它们分别为明代弘治年间建立的前罗氏宗祠女祠、清嘉庆年间建造的善祠女祠以及明万历年间建起的东舒祠女祠。而这 3 座女祠，都比棠樾女祠的年代久远，也更具有史料价值。呈坎罗氏族规算是比较宽松的了，还算善待女子，族规规定，“庶生子足入庙门，而妻姓可登宗谱”。妻姓殁后，除再婚为罗姓的女子外，均可入祠堂。这就算是很进步的了。呈坎的罗姓女祠堂，除姑姑祠外，都是男女同祠，即在祠堂内右侧另置有一间女祠，且不论大小老婆、三妻四妾死后都可入祠堂，女性灵位与男性灵位一样由祠堂正门而入。这在当时可谓罕见。清嘉庆年间，出自呈坎的翰林罗迁梅，更有一些好的做法，他为祖先建善祠时，在其内设的女祠中，变以前女神龛与男神龛异向摆放为同向供奉，并规定“本支女子无论再婚否，死后一律可入祠堂”。这样的行为，在当时的徽州，堪称石破天惊了。

是鼓励也好，警戒也好，总的来说，徽州营造的那些女祠，与众多的贞节牌坊一样，目的是让女人更好地遵循“三从四德”，更好地恪守“夫为妻纲”。这些女祠像历史的包袱一样，沉重地背负在徽州女人的身上。

徽州女人就这样承担着比男人悲惨得多的命运。这一切，归根结底，是宗法制度在作祟，也是男尊女卑的思想在作怪。在逼仄的朱楼里，在关上门窗的闺房中，徽州女人承受的痛感，凄清而刻骨铭心。“松籁萧条烛影幽，雨声和漏到西楼。金炉香断三更梦，玉簟凉生五月秋。”这是写徽州女人的；“人寂寂，夜悠悠。天涯信阴暗凝愁。疏帘到晓檐花落，滴碎离心苦未休。”这同样也是写徽州女人的。这些诗句是冰冷的，它们是孤魂的泣诉，是岁月的叹息，也是人性的撕裂。

八　江南之冠

在绩溪县城，有一座周家宗祠，周家祠堂建于明代嘉靖年间，清乾隆年间曾经扩建大修，现存面积为 1200 平方米。由影壁、门楼、回廊、庭院、正厅、厢房以及后进奉先楼七大部分组成，门楼为歇山顶建筑法式，脊部花砖透雕竖砌，无数脊兽昂首站立。周家祠堂本身，就是“三雕”艺术的代表性建筑。所以，当地政府为了弘扬徽州的“三雕”艺术，在这里建立了一座“三雕”博物馆。这里的“三雕”精品，形式多样，种类繁多，有以各种几何形体为内容的，有以动物来表现生趣的，也有以谐音字来表示吉祥如意的，比如用喜鹊、鹿、蜜蜂以及

昌溪村周氏宗祠

猴子来表示“喜禄封侯”，还有“喜事连（莲）年”、“鹿鹤同春”、“三羊开泰”、“五福（蝠）捧寿”、“喜鹊登梅”、“岁寒三友”等。还有以石榴象征多子，以桃子代表长寿，以牡丹代表富贵。将如此丰富的文化内容融入建筑之中，徽州工匠们可谓煞费心思。

在徽州所有遗存的祠堂中，绩溪的龙川胡氏宗祠，可以说是目前名声最大的了。龙川胡氏宗祠的出名，与祠堂本身的宏伟富丽有关，也与这里涌现的众多的历史文化名人有关，当然还离不开它所依托的基座——绩溪。反过来说，以龙川胡氏宗祠为案例，可以让我们管窥到徽州源远流长的宗族脉络，以及地方文化风貌。

作为国家历史文化名城，绩溪是徽文化的重要发祥地，独特而丰厚。据说，当初徽州地名的由来，就是跟绩溪有关。绩溪境内不仅有徽岭、徽溪，还有一个繁荣的大徽村，绩溪还是徽菜之乡，是名列中国八大菜系的徽菜的重要发源地之一。

绩溪同样也是宗祠之乡。据史载，仅明清两代，县城内就有祠堂75座，全县则达到180座。历经岁月洗礼，如今，还有50多座祠堂遗存了下来。

安卧在绩溪龙川的胡氏宗祠，是全国重点文物保护单位，有着“江南第一祠”的美誉，也被中外建筑专家和人文学者称为“木雕艺术博物馆”，美学家王朝闻称其为“中华古祠一绝”。长时间以来，胡氏宗祠氤氲在一片清明的山水之中，沉稳内敛，古朴雅致。

如果说，龙川是卧虎藏龙之地，那么坐落在这里的胡氏宗祠就是点睛之笔，其出现也是水到渠成。

关于龙川的名字，是因为有溪水穿村而过，又有山脉如龙蜿蜒而来，村落正处在龙口，所以称为龙川，又因为避讳，就取了个俗名：坑口。从风水堪舆的角度来看，龙川村的所在地异常开阔，群山环绕之中，一马平川，毫不局促，显得异常大气。龙川村的选址和村形建筑，充分体现了中国传统文化中“天人合一”的思想。“东耸龙峰，西峙鸡冠，南有天马，北绕长溪”，村前，一条完整的龙脉迤逦而行；村后，凤山云腾雾绕，犹如十八只金龟上水；村子的侧面，与徽州“汪公大帝”汪华的老家汪村相毗邻，徐徐而来的登源河水，如白练飘逸，聚起万山精气。整个村庄形似一只停泊在登源河口岸的大船。尤其是在春天，龙川花开遍野，蜂飞蝶舞，空气中弥漫着醉人的芬芳。四周的七姑山、龙须山、石京山，郁郁葱葱，生机盎然，一派“来龙飞凤”、人居天堂的景象。

当年选址于此的，是东晋时代的官宦胡焱。胡焱原籍山东，公元 318 年，领兵镇守歙州。由于安民有功，被东晋成帝司马衍赐予田宅。胡焱原先一直住在华阳镇，一个偶然的机会，他游历了龙川。当胡焱置身这一片龙盘虎踞之地时，他简直有点目瞪口呆，在这样的山旮旯里，还有这等风水宝地！胡焱立即向皇帝奏明，请求皇帝将这块土地封赐给自己。在皇帝恩准之后，胡焱作出了举家定居龙川的决定，并自称为“龙川胡”。

山川之灵气，日月之精华，汇集于龙川；天文与地理，争相辉耀。在漫长的岁月中，“龙川胡”一直兴旺发达，人才辈出，他们在龙川繁衍生长并向周边扩散，成为了徽州胡姓当中很重要的一支。龙川胡氏一族，以耕读传家，以科举报国，以商贸补田地之不足，兢兢业业，奕世戴德，相传至今。据记载，历史上，出自龙川村的进士有 10 人，举人有 9 人，其中仅明朝就有进士 7 人。他们官袍加身，职衔多样，比如胡焱常侍、胡汝能太守、胡思谦太师、胡子荣枢密使、胡富贤国师、胡之纲父子提干、胡富尚书、胡光推官、胡宗宪尚书、胡宗明巡抚，等等。其中，明朝户部尚书胡富与兵部尚书胡宗宪，被誉为“一门两尚书”，他们两人与明朝副都御史、巡抚辽东的胡宗明，又被合称为“一族开三府”。另外，龙川巨商大贾层出不穷，比如元明时期的胡德裕、晚清知名的茶商人胡允源及其子孙、富甲江南的胡念五等，还有名医胡永寿、胡震来，等等。时至今日，龙川胡姓已经有 1600 多年的历史了。在今天的龙川 400 户人家千余人口中，“龙川胡”的嫡系后代占绝大多数。据族谱记载，胡氏族人在给家族成员取名排辈中，就暗含了“五行”中的金、木、水、火、土，比如“锦”字中含有金，“炳”字中则含有火。按照传统的风水理念，金生水，水生木，木生火，火生土，土生金，五行相生，生

快照

绩溪龙川胡氏宗祠

生不息。

地灵方能人杰。在龙川历史上,明朝抗倭名将、江南七省总督、兵部尚书胡宗宪,无疑是其中最杰出的一位人物。

胡宗宪是在龙川出生的,也是在龙川长大的。一直到27岁考中进士,胡宗宪才算是离开了家乡,在以后的岁月里,胡宗宪一直与龙川有着紧密的联系。龙川的胡氏宗祠,就是在胡宗宪手上大兴土木重修的。除此之外,在胡氏宗祠的对面,还建有那个称为"奕世尚书坊"的牌坊。当年,胡宗宪可以说是八面威风,他曾经位居浙江巡抚兼浙闽等七省总督,在率领俞大猷、戚继光等将领平定倭寇之后,胡宗宪衣锦还乡回到了龙川,在众乡邻的一片赞誉声中,胡宗宪开始重修建于宋代的胡氏宗祠。

从现在来看,这个被称为"江南第一祠"的宗族祠堂,既是宏大的,又是精致的;既是美丽的,又是有着意义的。当年处事小心谨慎的胡宗宪出面建造这样铺张的祠堂,肯定是由于浓郁的家乡情结。征战多年的胡宗宪回到家乡之后,受乡情的感染,胡宗宪自然想着要为家乡做点什么。所以当家乡的父老乡亲向他提及胡氏宗祠时,胡宗宪立即爽快地应允下来,作为胡姓子弟,对于家族宗祠修缮,当然负有义不容辞的责任。

胡宗宪立马行动起来了。一段时间后,一座气势磅礴的大祠堂,巍然耸立在青山绿水之间。胡氏宗祠修建完毕的时候,整个龙川胡姓人氏都感到由衷的自豪。

不久,胡宗宪从浙江调赴京城,他的官越做越大,很快到了兵部尚书的位置,并且被皇帝册封为太子少保,权倾一时。

一切都是泰极否来。之后,由于严嵩案的牵涉,胡宗宪差点身首异处。一番曲折之后,年过半百的胡宗宪被发配原籍绩溪。在胡宗宪回到龙川老家不长的一年多时间里,因为"莫须有"的"金銮殿"事件等,胡宗宪被关进了大牢,冤死在狱中,25年之后,胡宗宪得到了平反昭雪。

斯人不存,而龙川河还在流淌着,胡氏宗祠也依然矗立着。这座宗祠保持了明代建筑的风格,既有繁复的空间层次,惊人的体量和富有特色的造型,也有精美绝伦的雕饰，充分显示了东方艺术的魅力。可以说，胡氏宗祠是徽州宗祠的集大成者。

胡氏宗祠坐北朝南，纵深 84 米，宽 24 米，占地面积 1729 平方米，建筑面积 1564 平方米。建筑采用中轴线东西对称布局的手法，形成了一个完整、严谨的建筑群体，前后三进七开间，由影壁、平台、门楼、庭院、廊庑、享堂、厢房、寝殿、特祭祠、泮池十部分组成。

祠堂前的一方八字形的墙壁叫照壁，不仅有遮挡视线的作用，最重要的是保住祠堂的灵气，衬托出祠堂的雄伟壮观，有着“一条河流，一带平桥，青山绿水，浑然天成”的艺术效果。

作为整个宗祠台基的一个部分，祠坦有 84 平方米，高 1 米。其地面、阶墀、望柱、栏杆全用花岗岩石砌成。过去，胡氏宗族举行重大活动时，宗族成员的站位也是有规定的，台阶上站的是宗族最高层人物，如族长等，台基上站的则是宗族中层或者对宗族有贡献的成员，一般宗族成员只能站在对面照壁坦上和路上。而未经允许，妇女、未成年的男孩和外姓人不得进入祠堂范围，更不要说登上这个露台。

胡氏宗祠的门楼为五凤楼，面阔七开间，进深两间，建筑面积 145 平方米，由 28 根立柱和 33 根月梁组成主体结构。前后 16 组斗拱，将三个层次、五个屋顶屋檐前挑 1 米多。前后八大翼角，呈凤凰展翅腾飞之势。高门楼前后两根额枋上，雕的分别是“九狮滚球遍地锦”与“九龙戏珠满天星图案”，同时还雕饰有胡宗宪抗倭灭寇、鏖战沙场的场景，如“横刀跃马”、“旌旗蔽日”等，上面是战马驰骋，气势磅礴，这些图案采用了浅、高浮雕和透雕工艺。高大的门楼上，曾经悬挂有明代大书法家文征明题写的“龙川胡氏宗祠”匾额，“文革”中不知被谁卸走了。现在悬挂的是新华社原社长邵华泽的题匾：江南第一祠。

胡氏宗祠的第一进大门，为全开式栏栅门，五间十扇门全部能打开。而第二进只有三对六扇门，中间两扇为仪门，两边为侧门。平时

只开第一进的中间栏栅门和第二进的侧门。当宗族举行重大的祭祀等活动时，第二进的仪门才被打开，同时两边的侧门和十扇栏栅门全部打开。仪门两侧石鼓相对，石狮蹲峙拱卫。仪门上画的是门神，为唐朝秦叔宝、尉迟恭两人的形象。

胡氏宗祠里一进高过一进，后进厅要比前进厅高，这种逐进增高的做法，不仅符合进深建筑的通风透光要求，也表达了徽州人企盼“步步高升”的良好愿望。站在龙川河南岸往北看，逐渐增高的宗祠，显得深邃、高大和宽阔，给人以无穷的凝重感。而这，也似乎提醒着人们，对于祖先的无量功德，要始终怀着恭敬之心、虔诚之意。

胡氏宗祠的门楼与享堂之间和左右两廊庑相连接，东西廊庑构成了一个长宽均在13米左右的天井。天井中的石甬道，在旧时平常是不给走的，只有重大活动举行时，族中上层人物、高龄长辈、有突出贡献的家族成员及各家家长，才可以由仪门进入，由这条甬道登上享堂。站在前天井，回眸可见门楼上方额枋的雕刻，其形式、手法和风格等，与外向的额枋等如出一辙，只不过上面雕的是胡氏历代文官祖先勤政爱民的场景，他们兴水利、薄税赋、劝化育人，等等。

胡氏宗祠的明伦堂，也就是正厅，祠堂的主体部分，是胡氏宗族祭祀祖先和议决族中大事的地方，它由48根立柱和54根梁枋构成，其中4根大金柱，是由围粗达近2米的银杏木制成的，金柱上挂有两副楹联，其中一副写着：春谛秋赏泱泱乎其犹在，祖功宗德荡宕乎其难名。另一副是：毓秀锺灵彩焕一天星斗，凝禧集祉祥开历代名人。从这两副楹联中，可以体会出胡氏族人的荣耀、自负和担当。厅堂中间槅扇门后是祭坛，里壁悬挂着胡氏始祖容像；槅扇门外，设有摆放供品、香烛的大供案。

正厅的祭龛上方，悬挂着徐渭题写的“宗祠”匾额，上首一排22块槅扇上，雕的是以鹿为主的“百鹿图”：松柏翠竹中，有鹿扬蹄欢奔，有鹿悠闲漫步，有鹿昂首呦鸣，有鹿回眸招侣，有鹿饮水溪畔，有

绩溪胡氏宗祠内一组荷花木雕

鹿口衔灵芝……鹿是吉祥之物，又谐音“禄”，象征着祥瑞、幸福，世世代代食俸禄，吃皇粮。这也体现了农耕社会人们的追求和希冀。

正厅两侧各有十扇格子门，上面均以荷花为主体图案，雕刻手法十分细腻，雕刻的荷花有含苞、初绽、盛开、并蒂莲之分，叶有平铺、翻卷、舒展、低垂之别，无一雷同。而且，荷花丛中，有鱼翔鸭戏、鸟飞蛙跃、虾侣追逐、鸳鸯交颈……好一幅和谐的乐园图！因荷与“和”、“合”谐音，暗喻合族和睦，兴旺发达；而莲字谐音“廉”，象征着廉洁。有意思的是，那一扇扇荷花图门饰，因为搭配巧妙，呈现了一派和气：荷花与螃蟹相配，构成了谐音“和谐”二字；荷花与鸳鸯相配，寓意“和美”；荷花与对虾相配，则有“和顺”之意；荷花与青蛙相配，含义为“和鸣”。这些图饰反映了龙川人亲近自然，与自然和谐相处的心理和行为。

胡氏宗祠的后进、寝殿左右的槅扇上，精雕细刻着“百瓶百花图”，花瓶有

梁托与望砖

六角、八角、半圆、菱形、长颈等各种形状，瓶身衬以几何形的云纹、回纹以及串串铃铛等图案，瓶底下还有古朴淡雅的瓶托，花瓶中插着梅兰竹菊、牡丹芙蓉、水仙玉簪、海棠杜鹃、石榴扶桑、桃李杏梨……“瓶”(平)安如意，百花齐放，表达了胡氏先人对子孙的期盼和祝福。其高超的雕刻技艺，可谓是“天工人可代，人工天不如”。

胡氏宗祠寝殿分上下两层，两边厢房有转折式楼梯。底层是置放胡氏祖宗牌位的地方，楼上则是存放祭祀用具和宗族典籍、谱牒等。胡氏宗祠初建于宋代，至今寝殿楼上还保留了宋代建筑格式和原貌，柱、枋和美人靠也都还是宋代原物，这在徽州祠堂里是不多见的。

胡氏宗祠的装饰考究，集徽州三雕和彩绘于一体。其庞大的建筑历经500年的沧桑，至今保存完好。幸存的木雕作品有1000多件，其中有600件最为精湛，它们分布在祠堂内的月梁、雀替、斗拱、驼峰等大小构件上，这些木雕大多采用浮雕、镂空雕刻和线刻相结合的手法，图案疏密有致，栩栩如生。

许多专家看了胡氏宗祠的木雕后，认为："全国罕见，不愧为国宝。"建筑大师郑孝燮有诗赞誉："郊镇龙川叔侄坊，远山近水古祠堂。三重殿宇中庭阔，入木三分镂栋梁。"

"文革"期间，聪明的龙川人用许多大红纸写上毛主席语录，贴在胡氏宗祠大厅的木雕上，因覆盖得当，使部分木雕"躲"过那场劫难。胡氏宗祠内至今还保存有徐渭、文征明等名家手迹匾额等。

胡氏宗祠厅堂内还存在着许多奇特的现象，比如幽幽古祠内十分清洁，没有一处结有蜘蛛网。有人说，这与古祠选优质木料有关，如正厅的大柱子，是用树龄数百年的银杏树做的。银杏树有香气，能驱虫，故蜘蛛在祠内无法生存。还有人说，由于胡氏宗祠所处的地理位置和建筑结构布局，使空气在自然流动中形成一种"谐振"，是包括蜘蛛在内的昆虫等微生物难以生存之因，故就不存在有蜘蛛网了。

关于龙川的胡氏宗祠，还有不少民间风水的说法和故事。在胡氏宗祠的墙壁上，嵌着一块石刻的告示，文字大致可辨，意思是说龙川龙须山一带都是龙脉所在，为了护卫祖先选中的风水宝地，以护佑后代，凡这里的矿石山场，不管是自己的，还是集体所有的，一律不准采石烧造，也不得私卖给别的姓氏。清代有个胡姓派系的儿子，年轻无知，竟违犯了先人的遗训和族规，于是他接受惩罚。为了告诫族人，胡氏宗族的"领导者"商议后，于咸丰七年六月立下了这块石碑，石刻的碑上重申以前的族训说，查得龙须山是郡城来龙，正脉在这里，分支及金紫山一带附近山场，都是宗族祖坟的要脉，如果有不肖子孙胆敢勾结他人破禁，将按照规约，严惩不贷。

千百年来，龙川胡氏宗祠卓然而立，风华绝代；同时，也将一个地

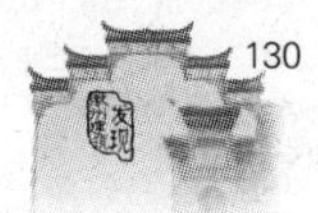

黟县南屏村叶氏支祠

缘和血缘都显得扑朔迷离、洋洋大观的乡土画卷，留给了后人。

祠堂的精神意义，在某种程度上，又相当于西方的宗教。任何一片从这棵树上生长的叶子，都会自然而然地意识到自己的根系来源，也会由此生发骨子里的感恩。当一个人走进徽州祠堂时，立即会感受到那种四面八方传递来的无形气场，那样的气场给人以震撼，也会让人感到谦逊而卑微，意识到自己的渺小，也意识到自己的血脉责任。

古牌坊

Faxian huizhou jianzhu

潜口民宅“明园”
中的魁星点斗牌坊

第三章　古牌坊

九　风雨见证

夕阳西下，一抹余晖像老人的一双手，充满慈爱地抚过村头的古牌坊。苍烟落照中，牧童牵着水牛，从古牌坊下漫不经心地走过。

岁月悠悠而来，悠悠而去，好像什么也没发生过似的。古老的徽州，平静的一天就这样拉上了帷幕。古牌坊安然地矗立着，像一个忠诚的守卫者，从古至今，风雨无阻，默默地注视着这片土地上的一切，尽管见证了太多的不幸，看到了泡沫一样的荣光，但一直隐忍着、坚挺着，连同疲惫、屈辱和落寞一起收藏在内心的深处。

时光是伟大的，也是动人心弦的，它被雕刻在了座座拔地而起的牌坊上。原本没有生命的牌坊，从此有了气息，有了灵光，有了爱恨情仇。牌坊成为了一种见证，它与徽州祸福相依，与徽州人血气相通，与徽州青山绿水不离不弃，地老天荒。过去，牌坊曾让无数的徽州人泫然而泣；今天，牌坊依然动人心魄。

当我们走进徽州，用好奇的、朴素的眼光打量着形态各异的牌坊时，那些历史和往事，仿佛迫不及待似的，从牌坊的底座和深处呼啦啦地涌出来。

位于黄山市屯溪区东北部的篁墩，是徽州人心目中的“圣地”，不仅在徽州移民史上有着举足轻重的地位和作用，而且还与绵延上千

魁星点斗
牌坊上的石雕

年的“程朱理学”有着紧密的关系。至今，篁墩村里还屹立着一座巍峨壮观的“程朱阙里”牌坊，这座牌坊之所以被题为“程朱阙里”，是因为篁墩曾是程颢、程颐兄弟和朱熹的故里。徽州出了这等中国思想史上的大人物，自此之后，后人便以“程朱阙里”作为徽州的别称。

“程朱理学”对徽州的影响，是其他地方难以企及的。由于“程朱理学”的根深蒂固以及徽商富甲天下的实力，徽州人在大兴土木建造村落、民居、祠堂的同时，也兴建了很多牌坊。

魁星点斗图案

历史上，徽州出现的牌坊数量之多，工艺之精湛，堪称天下之最，有“牌坊大观园”之称。据考证，明清时代徽州一共有数千座牌坊，休宁建有各类牌坊 185 座，绩溪县建有 182 座，婺源曾建 156 座，而曾为徽州府治所在的歙县，更是有几百座，现存的牌坊就有 82 座，占整个徽州现存的牌坊的九成。徽州古牌坊是与徽州古民居、古祠堂并列的闻名遐迩的建筑，也是徽州文化的缩影和特质的显示。

牌坊是一种独特的门洞式纪念性建筑物，一般用木、石、砖等材料建成，上面刻有题字。从源流上来看，古代的牌坊当源于衡门及华表柱。所谓衡门，就是两立柱上横置一木，并安门扇而成。两立柱加高成华表柱，便是“里坊”的门，古称“棂星门”，棂星原作灵星，灵星即天田星。汉高祖规定：祭天时先祭灵星。到宋仁宗天圣六年（1028），朝廷在祭祀天地的建筑郊坛外垣，设置灵星门，之后这种建筑被移置于孔庙，也就是说用祭天的礼仪来祭奠、尊重孔子。后来，人们认为汉代祭祀灵星是为了祈求丰年，与孔庙无关，所以又将孔庙里的“灵星门”改为“棂星门”。宋《营造法式》中称其为“乌头门”，乌头门中无门扇的，就是牌坊，乌头门加尾盖、斗拱之类，就是牌楼。

由宋元开始，这种建筑不仅置于郊坛、孔庙，还建于其他庙宇、陵墓、祠堂、衙署、园林前或者是街旁、路口，也不仅用于祭天、祀孔，还用于褒扬功德、旌表节烈，等等。

徽州的牌坊，有的是实力雄厚的徽商为了光宗耀祖而建的，也有的是为了旌表忠君、父慈、子孝、妻节的，另外也不乏表彰乐善好施的。黟县宏潭乡竹溪村的圣人坊，据说就是竹溪富商方守仁在水灾之年，义捐大米二千石，解救了一方百姓，于是朝廷准许建立牌坊，以示旌表。就内涵、功能而言，徽州牌坊大致可分为标志坊、官禄坊、科举坊、尚义坊、孝行坊、贞节坊和百岁坊等。也有将科举坊和百岁坊合在一起，称为里坊的，原因就是这两种牌坊主要是表彰本族、本门的科举盛事与高寿老人，还有的将官禄坊与科举坊合在一起，称为功名坊的，而旌表妇女德行的，常称为节孝坊。在休宁县古城岩，集中了几座迁建而来的石牌坊，有明代万历年间旌表的功名坊，也有清代的节孝坊等。不管怎样划分，徽州牌坊在本质意义上，类似于西方的纪念碑，是通过它来旌表那些用传统价值观所判定的优秀人物。而通过一座座貌似凯旋门的牌坊，可以透视徽州人的内心世界，洞彻他们的精神目标，从另一个侧面清楚地认识徽州文化。

为了宣扬和标榜，徽州牌坊不仅力求高大雄伟，气势不凡，而且往往将牌坊

树立在村口、祠堂前等，有的村口数座牌坊连成一片，组成蔚为壮观的牌坊群。当人们从牌坊群下走过时，感受到的，似乎是一种隔世传递的显荣和不屈。黟县西递村的村口，就曾连续排列十三座牌坊，遗存下来的牌坊是西递曾经光荣的象征，也是封建礼制的见证。如今，在歙县棠樾村的大道上，依然屹立着明清时代的 7 座牌坊。

将牌坊建在祠堂前，这种作为祠堂门坊的牌坊，具有标志意义，表面上呈现的是坊祠一体，实则增加了当时的宗法氛围，构成了徽州的又一独特景象。当然，还有以石制牌坊为祠堂门坊的，像歙县郑村郑氏宗祠前的牌坊，和徽州区潜口的汪氏金紫祠牌坊，都是石制的门坊。

祠堂门坊与村口牌坊一样，作为建筑群空间序列的第一道大门，是标志性建筑物，也是让来来往往、进进出出的人们予以感怀追念，从而达到纪念的作用。歙县许村的五马坊，就位于村道正中，每天都有许多人从下面经过。牌坊还是桥梁、街衢的标志。位于岩前镇登封桥南侧的登封桥坊，就具有标志作用。这座牌坊始建于 1587 年，原来登封桥南北各有一座牌坊，二柱，青瓦飞檐，后来桥和坊都被山洪冲毁，到了 1791 年，黟县西递村富商胡学梓父子慷慨解囊，在这里重修了两座冲天柱式石坊，如今仅存有桥南侧的石坊，这座石坊高 9 米，是采用黟石筑成的。

徽州现存的牌坊，绝大多数为石牌坊。像祁门县六都村的程昌牌坊、屯溪区南溪南下村的尚书坊、歙县许村的“双寿承恩”坊，等等，都是石质材料。石牌坊也便于防火和满足永久性纪念的需要。在构成上，石牌坊主要由柱、依柱石、梁、枋、楼等组成，柱子之间架有横梁，将柱子连为一体，梁的上面承接着一到三层石板，也就是镌刻有文字之类的枋，枋上面建有楼，有的还有明显的顶盖。横梁的跨度大，负重也大，容易断裂，所以在梁与柱相连的拐角处多安置有雀替，牌坊往往高达几十米，而柱子又处在一条直线上，为了防止倒

许村双寿承恩牌坊

塌，每根石柱前后都有依柱石夹抱，这也就是常说的抱鼓石，抱鼓石下面则是须弥座。徽州牌坊的造型基本上保留了徽州木构建筑的特点，它们大致可分为门楼式（牌楼）、冲天柱式（牌坊）以及两者混合式。

门楼式牌坊又分四种，即二柱无楼、二柱三楼、四柱三楼、四柱五楼，其雕刻比较丰富，梁、柱等承重构件一般多用浮雕、深浮雕、线刻，而上面的楼，多采用透雕，可以减轻对承重构件的压力和对风的阻力。冲天柱式也有四种，就是二柱无楼、二柱一楼、二柱三楼、四柱三楼。冲天柱石牌坊整体比例比较协调，造型更趋稳定，尤其是屋顶结构及细部处理比门楼式简约，也更富纪念意味，这种造型从明末时期开始盛行，到清代已经成为徽州石牌坊的标准模式了。

除了这几种，明代还出现了罕见的立体式石牌坊，成为石坊造型上的一大突破。实际上，这种立体式牌坊也可视为综合型的。在歙县徽城镇西北丰口村，

歙县徽城镇丰口村四脚牌坊

竖立着一座建于明嘉靖年间的四脚牌坊，这座石牌坊由四个单间二楼牌坊组成了一个正方形立体，高约10米，边长约4米，通体石质，梁与柱为花岗石，枋和板多为红砂石，四坊连接，形成了一体。

建于明万历十二年(1584)的歙县许国石坊，也是一座特殊的立体式牌坊，通常称为八脚牌坊，这座牌坊巍然矗立在歙县的老街上，集绘画、书法、装饰、雕刻等工艺于一炉，技艺高超，举世无双，是徽州牌坊的最杰出代表之一，为全国重点文物保护单位。许国石坊旌表的是明朝的高官许国，他是歙县人，明嘉靖乙丑(1565)进士，为嘉靖、隆庆、万历三朝重臣，人称“三朝元老”，曾任礼部尚书兼文渊阁大学士，并被加封为太子太

歙县许国石坊

保，也就是辅导太子的老师，后因平定云南边境叛乱有功，又晋升为皇帝的高级顾问“少保”，封武英殿大学士。许国石坊上所刻“少保兼太子太保礼部尚书武英殿大学士许国”，就囊括了许国的全部头衔。在云南边乱平息一个月之后，万历皇帝重赏群臣，许国受到了皇帝的“加恩眷酬”。沐浴着皇恩的他，回到老家歙县，催动府县，鸠集工匠，兴师动众地建造了这座堪称一绝的石坊。当然，有关系并且能攀得上交情的徽州商人，纷纷贡献银两，以表乡邻之情。许国石坊最终成了徽州官员和商人集体建造的杰作，一直传承了 400 多年。

许国石坊融入了现时的日常生活场景之中

按一般常规，一般臣民只能建四脚牌坊，也就是四柱牌坊，否则就是犯上。而当时徽州达官显贵、乡绅巨贾众多，四脚牌坊随处可见。据民间传说，为了独树一帜，体现自己的不同凡响，许国领了回乡建牌坊的圣旨后，前前后后忙了七八个月时间，才回到京城复命。万历皇帝很是不解，就问许国：爱卿一向办事迅速果断，这次回乡建造牌坊怎么这么久？不要说建造四脚牌坊，就是八脚的也早就建好了。许国一听，赶忙口呼“万岁”，叩拜说：“谢皇上恩准，臣建的正是八脚牌楼。”万历听了哭笑不得，但“金口”一开，只好默认。就这样，许国“先斩后奏”所建的八脚牌坊也就“合法化”了。

传说归传说。许国石坊确实气势宏伟，精美绝世。这座牌坊南北长 11.54 米，东西宽 6.7 米，高 11.4 米，四面八柱，各联梁枋，长方形平面，整座牌坊由前后两座三间四柱三楼和左右两座单间双柱三楼式的石坊组成，其间立有 8 根通天柱。所用石料全部为青色茶园石，质地坚硬，粗壮厚实，有的一块就重达四五吨，在当时建筑运输工具简陋的情况下，这么笨重的石头当然花费了很多的人

力、物力。许国石坊的雕饰艺术更是巧夺天工。每一方石柱，每一道梁枋，每一块匾额，每一处斗拱和雀替，都饰以精美的雕刻。12只狮子雄踞于石础之上，前后各4只，左右各两只，形态各异，活灵活现。

许国石坊的东南西北四个方向的内外侧，都有精美的图饰。如南面雕的是“巨龙腾飞”，象征皇帝面南而王，表示许国对朝廷的忠诚；内侧雕的是“英（鹰）姿（雉）焕（獾）发”，颂扬皇上年轻有为。东面雕“鱼跃龙门”，表示许国是科班出身；内侧雕“三报（豹）喜（喜鹊）”，寓意许国在万历年间的三次升迁。西面雕“威凤祥麟”，象征文风鼎盛，德政昌隆；内侧雕“龙庭舞鹰”，“舞鹰”谐音“武英”，暗喻许国身居武英殿大学士的地位。北面为“瑞鹤祥云”，象征天下太平，也寓意许国的品格高尚脱俗；内侧为“鹿鸣图”，借《诗经·鹿鸣》篇意，表示许国身为礼部尚书，对于那些为获得国家俸禄而刻苦求学的栋梁之才，照顾有加，并经常会见嘉宾，鼓瑟吹笙，极尽儒雅之能。许国石坊上的题字有“上台元老”、“大学士”、“先学后臣”等，都出自明代大书画家董其昌之手。其中，“先学后臣”四个端庄秀丽的大字，明明白白标明了许国是科班出身，凭着自己的文才韬略登上仕途的巅峰，这显然是为了宣扬“学而优则仕”的思想观念。

许国石坊虽然是一座旧时代的功名坊，具有纪念、炫耀和激励的意思，却代表了徽州牌坊的最高水平，也代表了16世纪中国建筑上的石雕艺术的最高水平。与许国石坊相媲美的，当是黟县西递胡文光刺史牌坊。

胡文光是西递村人，明代嘉靖三十四年（1555）中举，担任过万载县的县令，筑城墙，修学校，做了不少利国利民的好事，后经巡抚推荐，担任了胶州刺史兼理海运，以后官升至荆州王府长史，明荆州王又授胡文光以奉直大夫、超列大夫的头衔。明万历六年（1578），明神宗批准胡文光的乡亲在这里建了这座功德牌坊，以表彰胡文光的功绩。胡文光刺史牌坊属于门楼式牌坊中的三间四柱五楼式结构，石坊高 12.3 米，宽 9.95 米，全部用“黟县青”石砌成，五个牌楼顶排列有序，飞檐翘角，气势雄伟，色泽凝重，镂刻精致。正楼匾的上方雕的是“恩荣”二字，花板上雕有鹿、鹤、虎、豹等，两旁盘有浮雕的双龙，正楼东西两面刻有“登嘉靖己卯科朝列大夫胡文光”和“登嘉靖乙卯科奉直大夫胡文光”字样。双龙图下是文官和武将，喻为安邦定国。下面有人物图像 8 个，便是通常所说的八仙。最下边的正楼所刻图案叫“五狮戏球”，东西边是“麒麟吐书”。石柱柱脚有抱鼓石，雕的是栩栩如生的狮子，这两头狮子前爪朝下倒伏着，爪下有只小狮子，既显得精致，又增加了牌坊的稳定性。由牌坊的门洞向西望去，正是西递水口所在，也是传说中的桃花源出入口。几经风雨，这座牌坊依然雄伟挺秀，屹立在村口。

绩溪龙川的石牌坊——奕世尚书坊，在徽州也是一座著名的牌坊。奕世尚书坊是为了纪念明代户部尚书胡富、兵部尚书胡宗宪叔侄两代的显赫功勋而建造的。所谓奕世，就是一代接一代，累世而加的意思。胡富和胡宗宪刚好隔了 60 年一个甲子，所以称为奕世。

绩溪龙川奕世尚书坊

这座牌坊建于明嘉靖四十一年(1562),三间四柱五楼,高10米,宽9米,主体结构由四根柱、四根定盘枋和七根额枋组成。整体结构用侧角做法,向内收敛,四柱抹角,南北两向各有抱鼓石护靠,造就了端庄稳重、傲然挺拔的美感效果。坊顶为歇山式,用茶园石雕凿而成,由斗拱支撑并挑檐。各正脊两端,雕有对峙的鳌鱼。明间正脊中置火焰珠,主楼正中装置斜式"恩荣"匾,其下方花板南北两面分别镌书"奕世尚书"和"奕世宫保",书法遒劲流畅,气韵不凡,为明代书法大家文征明手书。工匠运用圆雕、透雕、深浮雕、浅浮雕、镂空雕等工艺,使一幅幅精美生动、巧夺天工的画面跃然于各额枋上,只见大额枋上镂刻着"双狮滚球"、"双龙戏珠"、"麋鹿相谐"、"鲲鹏展翅"等鸟兽形状,雕刻精细,形象逼真,并配以云纹、如意纹等雕饰,更显得威武传神;小额枋上镂刻着楼台亭榭、人物故事等,也非常精到。

传说当年胡宗宪发起建造这座牌坊时,很是斟酌了一番。一开始他是想为自己建座扬名立万、流芳百世的牌坊,后来考虑到自己在官场已经失势,再大兴土木会招人非议。于是,胡宗宪灵机一动,在旌表自己的同时,把同宗本家的胡富也捎带了进来。胡富也是龙川人,曾是1478年的进士,后来担任了朝廷的户部尚书。胡宗宪则是1538年的进士,此后官至兵部尚书、江南七省总督等。胡宗宪给这个牌坊命名为"奕世尚书坊"。"奕世"取自于《国语·周语》中的一句话:"奕世载德,不忝前人。"意思是在盛世推行道德,没有辱没前人。这样的初衷,正是胡宗宪想表达的。于是,牌坊的大中额枋间的花板上,刻上了"太子少保胡富"、"太子太保胡宗宪"等字样。不过,这座牌坊并没有给胡宗宪带来鸿运,很快,胡宗宪陷入了朝廷争斗的陷阱,遭到同僚的诬陷,落狱冤死。

由于徽州儒风兴盛,历史上,徽州的一些名门望族,不仅代代相连、涌现仕途上的显贵者,还出现了父子进士、同胞翰林的盛事。曾属于徽州的旌德县江村,至今还留存有一对"父子进士牌坊",这对牌坊是为了旌表江氏48代江汉和49代江文敏父子而兴建的。父坊,也就是江汉进士坊,建于明弘治初年(1488),高8米,两柱净跨3.3米,为两柱三楼石制牌坊,石雕上刻"双凤"表示父子同朝为官,下刻"麒麟耀日"及"双狮戏珠"图案,整个石坊基本完好。而子

唐模村同胞翰林牌坊

休宁县古城岩功名坊(残)

坊，即江文敏进士坊，建于明弘治十八年（1505），高8米，两柱净跨3.2米，也是两柱三楼石制牌坊，横梁一面书“青云直上”，一面书“金榜传芳”，显示着江氏的荣耀。

位于徽州区唐模村村口古道中的“同胞翰林”坊，是为了表彰该村清朝进士许承宣、许承家兄弟而建造的。这座牌坊建于清康熙年间，牌坊跨道而立，三间三楼，四柱冲天，通体采用茶园石筑成，上面雕有飞禽走兽等各种图案，基座上则有4只石狮子。据说在当年，唐模村的许承宣、许承家兄弟俩，曾被当时的诗坛盟主王士祯誉为“云间洛下齐名士”，两人于康熙朝同中进士，一位授编修，一位授庶吉士，均属翰林院，所以有“同胞翰林”之称。

徽州的牌坊在材质上多为石牌坊。这是因为徽州的牌坊多建于明清时代。宋代多木牌坊，到了明清，则以石牌坊居多。不过歙县昌溪古村还保留着一座完好的木牌坊，这也是目前徽州少见的。这座木牌坊建于清代中叶，原为“员公支祠”门坊，四柱三楼，宽8.8米，高7米；四柱为楠木，用抱鼓石支撑；上部木质，有月梁、额枋，斗拱置于额枋之上；顶为重檐庑殿式，明

间高出次间一层，匾上书有“员公支祠”四个大字，高瓴垂脊，八角翘起，小青瓦，圆檐滴水，一字形四石柱上架置重檐木枋，表现了高超的建筑技艺，实属罕见。现在，这座牌坊前有池塘，坊后有高大深沉的吴氏支祠“昌溪寿乐堂”，几乎浑然一体。

多少年过去了，功名如尘土一样粉碎了，荣华也似云烟飘散了。那些当初四处奔波、碌碌而为的徽州男人们，那些暗淡了日日夜夜的徽州女人们，在牌坊一座接一座竖立而起后，慢慢地，都消失在时光之中。只有矗立的牌坊，为历史庞杂而沉郁的底色，添加了或浓或淡的一笔。

十　牌坊之乡

有人说，到徽州不能不看牌坊，看牌坊不能不去歙县。歙县，古为徽州府所在地，这里在过去牌坊林立，曾有着“牌坊之乡”的称谓。即使是现在，徽州遗存的100多座牌坊中，有九成是在歙县。歙县的大大小小的牌坊，基本上展现了徽

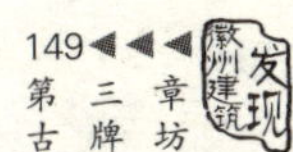

昌溪木牌坊

州牌坊的风貌,体现了徽州牌坊的建筑水平和文化内涵。

从唐宋以来,一直到明弘治年间,歙县的牌坊从400多座,锐减到165座,历经各种磨难和风雨侵蚀,徽州牌坊的数字停留在了82座上。即使如此,也让人惊叹:这在徽州乃至中国,是绝无仅有的现象。对于这个全国历史文化名城来说,遍布城乡的明清牌坊,也许是把脉它的一个很好的切入点。

歙县曾有着无比的辉煌,也有着沉浮失落。自隋以后的1300多年间里,歙县一直是作为郡州府治的,曾经下辖一府六县;新安画派的发轫者渐江、国画大师黄宾虹、马克思提到的理财家王茂荫、活字印刷术发明者毕升,以及文房四宝中的徽墨歙砚,等等,都出自这里。这里集中了太多的荣光,也集中了太多的历史。

位于歙县县城县学前的县学甲第坊,也许能让今天的人们品味出一点况味来。这座牌坊又称“三元坊”,它是县学的门坊,建于清乾隆年间,门楼式牌坊,四柱三间五楼,宽约5.5米,高约6米,正面楼匾上刻“甲第”二字,额枋上刻“状元”、“会元”、“解元”字样;背面楼匾上刻“科名”二字,额枋上刻“榜眼”、“探花”、“传胪”字样。每块额枋空档处,都镌刻有历代歙县中试者姓名。当年,为了在这样一座科举坊上留下自己的名字,那些青衣长衫者不知道有多少人穷经皓首,耗尽了心血。幸运的,也许像范进中举一样兴奋不已;而名落孙山的,则郁郁寡欢,强打着精神,奋发图强,重头再来。

翻开地方志,也许更让人惊叹。据记载,在明清两个朝代,仅歙县这么一个地方,因科举入仕的进士就有623人。对于这些为本族、里人争得荣誉的“人物”,深受“程朱理学”教化的徽州人,自然要行动起来了,他们一面通过政治的渠道,恭敬地“奏请圣上,旌表立牌”,一面积极联络富足的徽商们,兴建显示恩荣泽被的牌坊。实际上,富甲江南的徽商们,为了光宗耀祖,会不惜巨资,主动“搭台唱戏”,营造旌表功名、孝行、长寿、贞节等各种牌坊。在这方面,他们的确有着无穷无尽的热情和耐心，为了凸现荣耀和彰显旌表内容，又不逾皇制，合乎礼仪，他们绞尽脑汁，大费周章。

就这样，歙县不仅出现了惊世之作许国石坊、丰口四脚牌坊、槐塘丞相状元坊，还涌现了驰名中外的棠樾牌坊群、雄村牌坊群、郑村牌坊群和稠墅牌坊群等。

位于歙县郑村的贞白里牌坊，始建于元末，在明清时期得到多次修缮，是歙县现存最古老的牌坊，也是一座罕见的里坊。所谓里坊，就是建于胡同和街巷的牌坊。里坊多见于汉唐时期，到宋元时已经很少见了。“贞白里坊”的名字，听起来很容易让人误以为这座牌坊是表彰徽州女人贞节操守的。其实不然，贞白里坊是旌表元代当地乡贤郑千龄的。郑千龄曾任廷陵巡检、祁门县尉，以及淳安和休宁县尹，官做得不大，但他为官一方，多有惠政，受到百姓称赞。由于郑千龄官职卑小，去世后享受不到皇帝赐给的谥号。不过民间还是私谥他为“贞白先生”，追念他为官忠贞、清白。尤其是从建坊以来，乡里人办红白喜事都忘不了贞白里牌坊，所有嫁娶、殡葬队伍都要从坊下经过，这种传承至今的习俗，表明他们不数典忘祖，同时也表明他们对贞白先生的敬仰和感怀之情。如今的贞白里牌坊，额枋上面还刻有“贞白里”三个字，上下两枋分别雕刻着“凤穿牡丹”和“双狮戏球”的图案，构图洗练，造型优美。贞白里牌坊矗立在郑村的巷口，独特而醒目，也成了郑村入口的标志了。

郑村的郑氏宗祠门坊，则是为了纪念贞白先生的儿子郑玉而建的。郑玉是元末时期的高官，后来隐居乡里，创办师山书院，讲经传学，人们尊称他为“师山先生”。元代朝廷曾多次请他出任翰林待制，被他拒绝。后来朱元璋攻入徽州，请他出山为官，他竟自缢明志。郑氏宗祠门坊建于明万历年间，四柱三间五楼式样，工细精美。

郑村还有三座并肩而立的明代石坊，分别为汪氏忠烈祠坊、直秘阁坊、司农卿坊。3 座牌坊都是建于明正德五年（1510），汪氏忠烈祠坊是为崇祀徽州历史上最负盛名的人物汪华而建的。汪华出生于绩溪登源。他 3 岁丧父、8 岁丧母，14 岁拜南山和尚为师，隋唐之际，隋末兵燹，天下动荡，他被众人拥戴，成为农

郑村贞白里坊

民起义的领袖，自称吴王。后来他自动放弃王位，归顺大唐，促进了全国的统一。此后，他被唐朝授予歙州刺史，总管六州军事。公元 628 年，汪华奉命进京为官，后官至“九宫副监”。公元 648 年病逝于长安，被封为“忠烈王”。按照他的遗嘱，尸体运送到了歙县安葬。至于直秘阁坊，则是为纪念宋代直秘阁汪若海而建的，汪若海在宋靖康时竭力主张抗金，并献上平寇之策，有着特殊功勋；而司农卿坊是为了纪念宋代司农少卿汪叔詹而立的。

歙县年份最晚的古牌坊，是位于县城新南街的贞烈砖坊。这座牌坊建于清光绪三十一年，即 1905 年。这座牌坊异常简朴，它没有宏大的构架，没有精致的雕刻，就连仅有的牌名也依稀难辨。但这座牌坊似乎具有特别的意义，它是为徽州贞节妇女群体所建的祭碑，是为了旌表徽州府属的 65078 个节妇烈女的，堪称史上旌表人数最多的牌坊。6 万多个徽州女人悲惨的命运，哪里是这个小小的牌坊所能安慰的呢？虽然名字被刻在牌坊上，但她们的命运，却一直成为风中的挽歌，消失在凄清的历史之中。

歙县至今还拥有几座木牌坊，这在徽州非常少见。除了昌溪“吴员公支祠”木制门坊，歙县斗山街上的叶氏贞节门坊，也是木牌坊。这座木牌坊的额枋上，书有“旌表江莱甫妻叶氏贞节之门”一行大字。据说这座贞节门坊与朱元璋有着很大的关系。元末士人江莱甫英年早逝，他的妻子叶氏 25 岁就开始守寡了，并且尽心尽力地侍奉着婆母。当时农民起义风起云涌，转战来到徽州的朱元璋，混战之中，与自己的部下失去联系，一个人躲到了斗山街江宅边的一个庙宇里，十分狼狈，形如乞丐。无意间叶氏瞧见了落魄的朱元璋，心下怜悯，就送些饭菜给他吃。连续几天，从不间断，直到朱元璋的部将赶来。当朱元璋夺取了天下后，念念不忘当年的救命恩人，于是下诏要让叶氏进宫为妃。而叶氏闻讯后，竟悬梁自尽了。朱元璋听说后，为这位民女的刚烈所敬服，于是下旨立牌坊。

这样的故事，显然有着民间想象的成分，更有着道德劝谕的内核。

相对来说，歙县槐塘村的“龙兴独对”牌坊的来历，比较靠谱些，它与朱元璋也有着关系的。据《明太祖实录》记载：“至正十八年（1358），上（朱元璋）自宣至徽，召故老儒者，以访民事。”也就是说朱元璋在领兵打仗时，曾在徽州访贤问政，槐塘村的大儒唐仲实就是其中一位。此人曾任紫阳书院山长，有一肚子学问。朱元璋开诚布公，虚心地向他求教平定天下之策，唐仲实也和盘托出自己的构想，建议朱元璋不要滥杀无辜，建朝后要让老百姓休养生息，不能增加负担。受到启发的朱元璋，登基后也就采取了一些缓解阶级矛盾的措施。而在百余年后，明神宗朱厚照“幸临”这里，为了显示恩荣和纳贤的气度，便让唐氏后人建坊纪念，并将朱元璋和唐仲实当时的对话刻在了牌坊上。

“龙兴独对”坊为四柱三间五楼式，上面书有“龙兴独对”四个大字，牌坊雕刻精美，正面有凤穿牡丹、双狮戏球、麒麟、缠枝莲等纹饰，形态逼真。明间二柱外础石上有一对蹲狮，威武雄壮，尤其是“恩荣”板上刻有朱元璋和唐仲实的对话碑文，具有了珍贵的史料价值。

在槐塘村的村口，还屹立着一座比较特殊的牌坊——“丞相状元坊”，据说这座牌坊最早建于南宋，用的材料是红色的砂石，到明代弘治年间重修时，用的是花岗岩，至今已有500多年的历史。实际上，这座牌坊旌表的是出自槐塘的3位官员，分别是程元凤及其堂侄程扬祖、堂弟程元岳，程元凤曾任南宋右丞相兼枢密使、少保等；程扬祖为南宋景定四年（1263）进士第一名，获赐状元殊荣；程元岳曾任南宋工部侍郎，为尚书的副手，又称“亚卿”。也因此，牌坊正楼上刻有“丞相”二字，左右边楼书有“亚卿”和“学士”字样，额枋上则有“状元坊”几个字。有意思的是“亚卿”的卿字和“状元坊”的状字，都少了一点，据说是为了图吉利，想让槐塘人的官做得更大些。

位于许村的双节坊，算是徽州最小的一座牌坊了。这座牌坊高3.8米，宽1.8米，以弧形的条石构筑而成，牌坊上端中间有一个葫芦形的尖顶。虽然牌坊不大，但格局齐全，还刻有“圣旨”二字。这座牌坊旌表的是清嘉庆年间当地人许俊业的大小老婆的，据说许俊业在外经商，但境况不好，后来客死他乡，而他的两个老婆却靠着纳鞋底换些钱物，养家糊口，侍奉老人。这样的行为，在当时看来就属于贞节和奉行孝道方面的典型，最终她们的经历也感动了当时的最高统治者，皇帝赐准建造牌坊，以示纪念。不过，由于地位不高，加之她们的积蓄不多，牌坊也就建造得格外小巧了。

在许村，还有一座建于明正德二年(1507)的五马坊。关于五马坊的来历，有的说是明代洪武年间许村人许升兄弟五人，对明朝有功，于是称为“五马”，寓意他们是人才；也有的说，“五马”是古时对五品知府的尊称，而许升就曾任福建汀州知府。据说，许升在福建汀州病故后，他的灵柩被运回徽州，许氏族人日夜赶建许升墓道石坊。从入徽州地界开始到许村村头，修建的墓道石坊竟有53座。

而在许升之后，他的长子那一支脉到了25代，出了对夫妇老寿星，分别为101岁和103岁，朝廷旌表他们为“人瑞之侣”，赐建“双寿承恩坊”。这座徽州绝无仅有的双寿承恩坊，建于明隆庆三年(1569)，位于现在的许村村前高阳桥与大观楼之间，牌坊上精雕了“龙凤呈祥”、“松鹤延年”、“猴献寿桃”等12组图案。

歙县许村还有两座高大巍峨的牌坊，位于村口。一座是建于明嘉靖年间的“薇省坊”，该坊为嘉靖元年进士许曾而立，坊名“薇省”系沿袭旧典，是唐、宋时对中书省的雅称，暗指许曾官至湖广参政。关于这座牌坊，还有一个故事，传说许曾和严嵩同朝为官，“严党”猖獗之时，许曾深知阉党专政必不长久，但同朝为官，不打交道不可能，弄不好还要招来杀身之祸，于是他就打制了许多金字落款，每每递交严嵩的文书，许曾就把金字落款嵌在后面。保存文书的下人，每次都因贪财把金字落款扣下来，结果许曾的文书便为无名无款。到了“严党”倒台后，朝廷抄出一批没有落款的文件，一查，得知是许曾所为，问了原委后，认为他不与严嵩同流合污，于是非但没治罪，反而下旨为其树牌坊，表彰他的品行。这样的故事，听起来总像是嗅到一种尖酸的小聪明味。

许村村口另一座牌坊“三朝典翰坊”的传说，听起来就更荒唐了。“三朝典翰坊”建于明崇祯年间，三间三楼，四柱冲天，是为明朝泰昌、天启、崇祯年间的中书舍人汪伯爵和他的父亲而立。中书舍人为明朝宫中的书记官，雅称典翰，他的父亲汪德章也得到和儿子一样的封赠，故称“奕世”。传说汪德章当年带家眷一行回乡省亲，回京路上，其继妻早产，延误了回京日期。崇祯皇帝怪罪下来后，汪德章如实禀告。皇帝不相信，叫他抱着儿子来看。汪德章回禀说：一介平民怎么可以面对皇上呢？崇祯当即说，若你带着儿子来，我封他为翰林。汪德章听后大喜，立刻抱着儿子去了金銮殿，崇祯只好封他儿子汪伯爵为翰林。故事荒诞不经，也只能孤妄听之了。

位于歙县城北 10 公里处的稠墅村，村头 4 座牌坊组成了一个壮观的牌坊群。其中，旌表汪氏父子显赫官位的父子大夫坊，建于明崇祯元年；另外 3 座牌坊都是建于清代乾隆年间的，汪氏节孝坊和吴氏节孝坊分别纪念的是两个守节的女人，而褒荣三世坊，顾名思义，旌表的是一家三代的功名坊。无论是在整体上，还是在局部的细节上，功名坊总是要显得气派、精致。

位于歙县城西南的雄村牌坊群，也是一大奇观。其中，光分列爵坊是雄村曹氏族人对家族成就显赫者进行的表彰，牌坊上密密麻麻地刻写了明清两代家族中的中举者和官员的姓名，这样的做法自然是想让曹氏后人能够铭记，同时能延续辉煌荣耀。

雄村最惊艳的牌坊，当然是位于村口曹氏祠堂前的四世一品坊，在全国都有名气。事实上，当年立牌坊的曹氏家族，在鼎盛时期的徽州，就相当的显要。四世一品坊建于清代乾隆年间，为冲天柱式牌坊，四柱三间三楼，二楼额枋上刻有曹文埴和他的父亲、祖父、曾祖父的姓名和官衔。曹氏是在扬州经营盐业的徽商，家有万贯财产。曹文埴的祖父、父亲一直经商不断，但到了曹文埴这一

代，开始转向了读书求仕的道路。曹文埴在清乾隆二十五年（1760），高中第四名“传胪”，后来一路升迁，担任了户部尚书等职，在皇帝身边呆了20多年，深受乾隆皇帝的信任。而曹文埴在乾隆6次下江南时，依靠着自己的才干，以及曹家的人脉关系和扬州徽商的相助，将皇帝的行程接待安排得非常完美，所以更受皇帝赞赏。

因曹文埴不愿与和珅为伍，在他52岁时便以赡养老母为由返回故里，后来乾隆庆寿时，他又两次赶往京城祝贺。乾隆自然很高兴，为显皇恩浩荡，特意将曹文埴的父亲、祖父、曾祖父“突击提干”，一起封了个“一品官”的虚衔，加上曹文埴本人曾为户部尚书，所以成了“四世一品”，这在封建时代自然是位极人臣的至高地位和无尚荣耀了。只是，当时建牌坊时，曹文埴的儿子曹振镛还未位居一品，不然就是“五世一品坊”了。曹文埴的儿子曹振镛后来是青出于蓝而胜于蓝，他历任三朝工部尚书、太子太保、军机大臣兼尚书房总师傅，官场54年始终屹立不倒。

歙县最有名的牌坊群，也是徽州乃至全国最有名的牌坊群，非棠樾牌坊群莫属了。棠樾牌坊群是全国重点文物保护单位，共有7座牌坊，其中属于明代建的有3座，清代的则有4座，采用的是质地坚实的灰白色茶园青石料，在结构上有四柱冲天式或四柱三楼式，牌坊上的雕刻十分精细，其中，清代的4座牌坊均为冲天柱式结构，大小枋额都不加纹饰，唯挑檐下的拱板，镂刻有花纹图案，月梁上的绦环与雀替也相应雕刻有精致的纹案，粗大的梁柱则不事雕饰。

这7座牌坊呈弧形排开，耸立在村头田野里，由东向西，分别是鲍象贤尚书坊、鲍逢昌孝子坊、鲍文渊继妻吴氏节孝坊、乐善好施坊、鲍文龄妻汪氏节孝坊、慈孝里坊、鲍灿孝行坊。有意思的是，鲍灿和鲍象贤祖孙俩的牌坊，一个打头，一个殿尾，既相互凝视，又一脉相承，像一本传承有序、保存完整的族谱。7座相连的牌坊，还体现了“忠孝节义”这完整的封建伦理道德荣誉体系，从两头向中间数，七座牌坊也基本上是按照“忠孝节义”的次序排列的，其中以“义”字为中心。

鲍氏一族是从南宋时期迁入棠樾村的。按民间风水的说法，棠樾村“枕山、环水、面屏”,是一处风水宝地、人居天堂。没过多久,在这里繁衍生息、欣欣向荣的鲍氏,因为一次父子争死的遭遇,从而有了第一座牌坊。宋末元初,战乱四起。徽州守军李世达起兵叛乱,为筹备军饷,到处劫杀,其中就绑架了鲍宗岩和鲍寿父子,并威胁他们父子俩,如不交足银两,就杀死其中一个。面对屠刀,父子二人争相就死,紧急关头,村边的树林里突然狂风大作,吼声阵阵,吓得叛军仓皇逃窜,父子二人幸免于难。到了明朝,明成祖朱棣为这个故事所感动,为表彰他们“父慈子孝”,就赐建了“慈孝里”牌坊。清朝乾隆皇帝同样为这个故事所感叹,还在鲍家祠堂题写了一副对联:慈孝天下无双里,锦绣江南第一乡。这座牌坊阔 8.57 米,进深 2.53 米,高 9.60 米,明间额枋较低,平板枋以上为一排斗拱支撑挑檐,明间二柱不通头,垫拱板朴质无华,加固了挑檐的基础,厚重相宜。

建于明嘉靖十三年(1534)的鲍灿孝行坊,是鲍氏家族的第二座牌坊。鲍灿饱读诗书,却不求闻达,他的 70 岁老母亲脚上长了脓疮,医治无果,鲍灿就用嘴帮助母亲吸出脓水,不久母亲的病痊愈了。后来鲍灿的孙子鲍象贤考中进士,官至兵部左侍郎等,朝廷为旌表他的祖父孝行,就追谥了一顶“兵部右侍郎”的帽子,赐建鲍灿孝行坊。而鲍象贤自己的牌坊,却是在 89 年后才建立,这是鲍家在明代建立的最后一座牌坊,此后的 145 年里,没有再建牌坊。

到了清乾隆年间,鲍氏族人鲍文渊续弦吴氏 29 岁守寡,并历经艰辛,将鲍文渊的前妻生的孩子抚养成人,还修了鲍家祖上 9 代的祖坟,得到朝廷的旌表,鲍家有了第三座牌坊,也就是鲍文渊继妻吴氏节孝坊。8 年后,棠樾鲍家又有了守节 20 年的鲍文龄之妻汪氏节孝坊。21 年后,因为鲍逢昌乞讨寻父,割股为药医治母亲的孝行,感天动地,鲍家再获建一座牌坊——鲍逢昌孝子坊。这些牌坊的出现,也刺激了鲍象贤的第十世孙鲍漱芳,以及鲍漱芳的儿子鲍均。由于家道中落,鲍漱芳的父亲鲍志道从小分外勤奋,后来到扬州经商,开始发家,并被推举为两淮盐务总商。鲍志道的儿子鲍漱芳更是精通商业,使鲍家的势力达到了顶峰,他本人也被朝廷授予两淮盐运使司一职。眼看着祖上和族人竖起了一座座牌坊,他和做生意的儿子鲍均一合计:忠、孝、节的牌坊都有了,看来我们只有在“义”字上下功夫。

绩溪县仁里村世肖坊

清嘉庆十年(1805),淮河洪水泛滥,鲍漱芳父子带领众商,捐资捐物,光银两就捐献了300万两。此外,还忙于修桥铺路等。鲍漱芳父子的义行受到了上上下下的好评,皇帝赐建了旌表他们父子的乐善好施坊。鲍家第七座牌坊就此竖立起来了。

棠樾牌坊群是一个家族的丰碑,是所有徽州牌坊的代表。由起点到终点,充斥着功利、虚荣的人生游戏,也游荡着孤独、悲戚的魂灵。它还见证了徽商的盛衰起落,同时也是徽州历史文化的缩影。

古戏台

Faxian huizhou jianzhu

馀庆堂古戏台

第四章

古戏台

十一　戏台天地

有流水的地方，就有村庄；有村庄的地方，就会搭台唱大戏。

每年春天，年过完了，油菜花开之前，在徽州，村落里都会搭起戏台来。这时候来自各地的戏班子就进村了。

演的戏也种类繁多。起先是傀儡戏、傩戏、目连戏，后来便是徽剧。还有另外一种称为“台戏”的，这种戏不需要搭台，只是戴个面具，在平地里捉枪使棒，咿咿呀呀叫着转上几圈。这是迎神赛会中的一种民间游艺活动。

徽州历来有举办庙会的风俗，多半是为酬神而设的，正月十八有“汪帝会”，二月有“华陀会”，还有“三月三会”、四月八“浴佛节”、七月“中元节”、九月“重阳会”，等等，都是比较有名的庙会。庙会的内容，除祭祀迎神外，少不了要演戏，还耍狮子，一时旌幡华盖，笙箫鼓乐，好不热闹。

在安静、缓慢地向前发展时，徽州的某一个旮旯里，总是时不时地响起快乐的清唱和锣鼓声。那个时候，戏班子演戏一般连本唱上个三五天，甚至七八天半个月。那往往是全本的《目连救母》。戏接近于傩戏，冗长而曲折，主要是叙述目连成佛之后，拯救他下地狱的母亲之事，让人明白善有善报、恶有恶报的道理。休宁海阳每年五月初

一的五猖庙会，万安每年正月十六的水龙庙会，还有歙县、绩溪等地乡村举办的关帝会、太子会、花朝会，都是要唱目连戏的。

明清时期，徽商正是如日中天的时候，亦儒亦贾的徽商们，为了巩固一些人脉关系，延伸商业触角，在你来我往的许多应酬中，少不了要附庸风雅一番，点戏、看戏是常有的事，这也是那时比较通俗有效的一种沟通手段。

明代的汪道昆，生于歙县，中了进士后外出当官，仍然忘不了童年时所看到的社戏。这个出身于徽州盐商家庭的歙州弟子，似乎打自小起，就与戏剧结下了不解之缘，每当戏班进村，年幼的汪道昆总是跟前跟后开心得不行。一出戏，他可以从头到尾唱下来。汪道昆甚至在12岁前后，瞒着他的家人，写了一出长长的剧本。在后来的一段时间里，汪道昆不得不顺从家庭的愿望，暂时放弃了这一爱好，专心致志于乏味的八股文。

汪道昆一直试图想写一点热热闹闹的戏剧，让自己的一生富有情趣地活着。这个愿望在他36岁左右时终于得到了满足。那时他在襄阳知府的任上，亲历到官场的不自由和精神压抑的痛苦，索性豁出去，以创作戏剧的方式来排遣自己内心的郁闷。汪道昆分别以楚襄王、越大夫范蠡、汉京兆尹张敞、三国魏陈思王曹植为主角，创作了《大雅堂杂剧》四种——《高唐记》、《五湖游》、《远山戏》、《洛水悲》以及《唐明皇七夕长生殿》。

汪道昆创作的戏剧《五湖游》一开头，那种烟雨朦胧中的韵味，在对白和唱腔中已表现得淋漓尽致：

> 落落淮阴百战功，萧萧云梦起悲风，齐城七十汉提封。弃国直须轻敝屣，藏身何用叹息弓，百年心事酒杯中。
>
> 我爱鸱夷子，迷花不事君。红颜弃轩冕，白首卧烟云。

徽州人对戏剧特别嗜好，不仅迎神赛会上要演戏，婚丧喜庆时也有演戏的习惯，那些违反族规村约的人，往往还要被罚戏。在目连戏的故里祁门环砂村，就有一块清代嘉庆年间立下的“永禁碑”，上面刻写的碑文，就是告知村民，凡

罚戏碑

是纵火烧山、随意砍伐林木的，都要被罚戏，以示惩戒。在徽州的不少村落，不仅是封山护林，需要通过演戏达到宣传、警示的目的，遇到牛羊践踏宗祠庙屋、破坏水口或者是违禁赌博的，也都要惩罚，让做坏事的人出钱请戏班子。这种罚戏的办法，也让徽州戏剧的演出有了更多的机会。

历史上，徽州的一些名门望族，或者是比较大的村落，都搭建有砖木结构的固定戏台。徽州民间的戏台，不同于京城会馆里的戏台，也不同于北方农村的戏台和花戏楼，徽州的古戏台有着自己的个性，这种个性体现的是，戏台不单单是作为演出的场所，有着娱乐的功能，在更大的程度上，它们承担着宗族教化的功能，以一种潜移默化的方式，来维系着宗族血缘关系与宗法地位。

对于尊祖敬宗，徽州人是非常重视的。那些永久性的戏台，绝大部分就建在宗祠里。在一座祠堂里，戏台会建在仪门的前厅，与寝堂

相对。祖宗的牌位正对着戏台，族中支丁演戏时，是要打开享堂的隔门的，与他们心目中的祖宗在天之灵，一起欢乐。

也有极少数的戏台，是独立的。位于绩溪的胡宗宪尚书府内，有个古戏台，小巧玲珑，实际上就是一个家庭内的戏台，名为“徽戏园”的这个古戏台，是胡宗宪为招徽班进府演戏而设计的。“徽戏园”分看台、院坦、舞台三部分，有一间轩厅，是胡宗宪父母长辈看戏的专用之所，前有小栏、围护，脊檩两侧各有“双象驮峰”图案。建于清光绪元年（1875）的歙县吴宅戏院，也是徽州现存的一个家庭内的戏台；建于民国六年（1917）的歙县璜田戏台，是由宗祠中剥离出来的，专门用于演戏。这座戏台坐南朝北，前有广场，开间15米，进深10米，脊高10米，台口呈八字形，门楣饰以精美的木雕。

徽州的古戏台，现存的有近20座，少数是建于明代的，大多是在清中叶以后建成的。目前，除了歙县、婺源、休宁有少数遗存外，祁门县现存的古戏台最多，已经发现的有11座古戏台。祁门地处皖赣边境，为目连戏的发祥地，与安庆相连，黄梅戏对祁门民间戏曲影响也比较深，江西的采茶调也时时飘过来。

在祁门，每逢节庆，或者是新房落成、娶媳嫁女，或者是修谱、建庙，都要请戏班子演出的。一到开台演戏，村子里跟过年似的，炊烟袅袅，家家宰猪杀鸡，买酒买菜，亲朋好友也都被请来看戏。戏班子夜以继日地忙活着，乡民们是看得如痴如醉。

位于祁门县新安乡的珠琳村，三面环山，一面临水，每当阳春三月，村子的后山上珠数花开，一片银白。村子里一直有着演戏的传统，除了十年一届的目连戏，每年的新春，都要上演四本新戏。这四本新戏，都是在赵氏宗祠馀庆堂的古戏台里进行的。馀庆堂的名字，含有“积善之家，必有余庆”的意思。

馀庆堂宗祠大约建于清咸丰初年，为徽商捐资修建的，它坐西朝东，作为附属建筑的戏台，是坐东朝西，建筑面积有504平方米，它

徽州古戏台

是建在门厅里的，一打开门，就是戏台了，来看戏的，不管是当官的，还是经商的，老老少少，男男女女，都得从戏台下经过，到达天井或者享堂里看戏，这个戏台有一定的封闭性，相当于现在的一个室内剧场。

戏台分上下两层，台上三开间，歇山屋顶，镜框式的舞台距地面大概有 2 米高，舞台分正台和副台，正台是表演区，后面有化妆室，两侧是封闭的副台，为乐队、锣鼓队所用，副台供演员进出的门一边设计成花瓶样式，寓意演出平平安安，一切顺利；一边是树叶形状，寓意叶落归根，回报桑梓。观众的看台分为前低后高的两层，高层仿佛是楼座，两侧还有类似今天人们所说的包厢，“包厢”上装饰有精巧的木雕花板，以及花鸟虫鱼油漆彩画，“包厢”的观戏窗上组合有几何形纹的窗棂，给人以美观的同时，并不挡人视线，透过窗棂就可以观看戏台上的整个演出，非常舒适，那些有名望、有地位的大户人家的小姐、太太，在看戏时，往往就选在这样的“包厢”里。

徽州古戏台一景

戏台主体建筑的工艺更为讲究，繁丽工整，气势壮观，并有装饰性的斗拱，排列丛密，内外额枋、斜撑、月梁部位都雕刻着各种精巧的人物、戏文、花鸟图案，每层层间仿佛是一幅幅画。戏台中央的天花为圆形的藻井。

明代和清早期的戏台都没有藻井，基本上是从清中期以后才出现的。所谓藻，原是水中之物；井呢，就是饮用的水井。戏台的天花做成藻井式，除了装饰需要，自然也有防火消灾的用意。后来，人们在建筑使用过程中，发现藻井还具有吸音和共鸣的物理特性，有点像今天的音响设备似的。而这种发现，使得藻井的运用更加广泛了。

没有音响设备的古戏台，借助于藻井所形成的回声，造成了强烈的共鸣，使艺人们的唱腔显得无比的珠圆玉润，观众即使靠得比较远，也能听得清清楚楚。台上唱到精彩处，台下喝彩声四起。

馀庆堂里的古戏台，是砖木结构的，建于清同治八年(1869)，比祠堂建成的时间要晚，它所呈现的中西合璧的建筑样式，与祁门商

古戏台穹形藻井

古戏台上的五福捧寿图

人的见识有着关系。清光绪以前，“祁门红茶”在东南亚包括日本已经走红，祁门商人“贩茶浔沪”、“远客粤东”人数众多，于是把镜框式舞台、侧翼包厢、封闭式剧场这样洋式的讲究，统统搬进了深山老林的村落中。

祁门县闪里镇坑口村的会源堂古戏台，始建于明万历十五年（1587），1992年由陈枝山兄弟重建，戏台规模很大，也非常规整，它坐南朝北，三进三开间，通面阔 14.15 米，通进深 43.58 米，总建筑面积约 616 平方米。整个戏台雕梁彩

祁门县闪里镇坑口村，该村遗存有会源堂古戏台

会源堂古戏台

宇，装饰性较强。戏台的台前基础，以砖石砌成，台面以木柱支撑，上面铺固定的台板，台前设有石雕栏板，有装饰效果，也有安全的考虑，防止艺人们不小心闪下来。戏台的两侧与看台相连。在整体上，戏台比较牢固，又称“万年台”。

同在祁门县闪里镇的磻村敦典堂古戏台，建于清同治年间，显得小巧玲珑，戏台面积有86.2平方米，底层为活动短柱支撑台枋，上面铺台板，是可拆卸的活动式的戏台。原来有观戏楼，后来遭雷电击毁，民国时期复建为廊庑。明间额枋上刻有“五福捧寿”图案，戏台柱身为黑色，槅扇、月梁等是红色的。整个建筑朴素、简洁，又富有变

化。闪里镇磻村的嘉会堂古戏台，也比较小巧、简约，里面的布置，完全是按照徽州传统古戏台的做法。这些相对“瘦小”的古戏台，与当时建造的投入多少是有关系的。财力大的，戏台当然会建得气派些。

历史上，徽州的一府六县都有着大量的古戏台。这些戏台的兴建，除了与徽州的民风民俗有关系外，与众多徽班的推波助澜，也不无关系。

明万历二十八年（1600）三月，在徽州府邑城东郊的迎神赛会上，搭建的戏台就有36座，在这些戏台上献艺的，有从江苏、浙江、河南、江西等地请来的名优红角，更多的是徽州本地艺人组成的戏班子。其时人山人海，盛况空前。特别是名叫《蟾宫折桂》的这台戏，叫好声不断，戏中扮演嫦娥的，是个年仅15岁的女演员，演得极为成功，让吴越名优也自叹弗如。

在过去，整个徽州有多少戏班子，至今也难以弄清楚。据记载，仅徽剧班社最旺盛时，正规的大约就有60个。而那些被称为“鬼火班”的，无可计数。正规的班社，阵容强大时，艺人有100多个。

在徽州的古戏台上，至今还残留着一些题壁，是当年戏班演戏时写下来的，为今天的人们了解当年徽州戏班的一些情况，提供了相当宝贵的资料。在当时，舞台演出没有录像录音设备，而古戏台上的这些题壁，或多或少记载着戏班

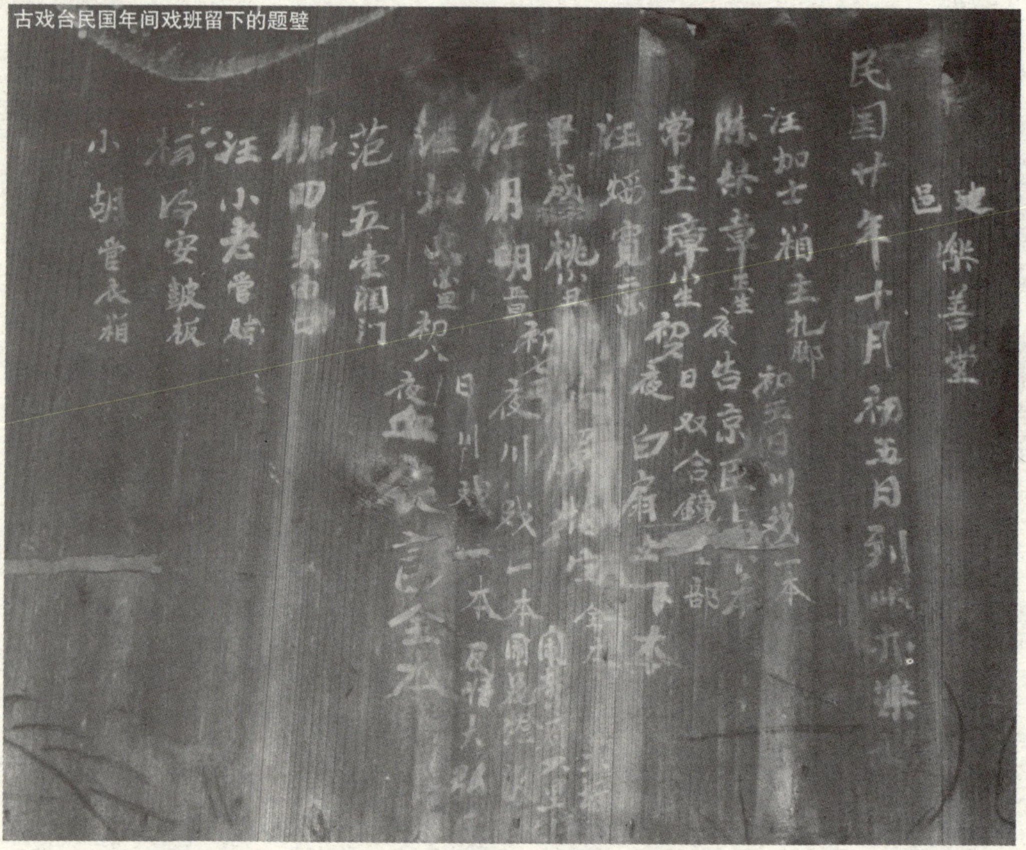

古戏台民国年间戏班留下的题壁

的名称、演员角色、演出时间、场次和剧目等。

清光绪年间，新同乐班、复兴班、同光班、新同兴班、同福班等戏班子，都曾到祁门县珠琳村馀庆堂古戏台进行演出，也因此信手留下了一些题壁。同在祁门县的坑口村会源堂古戏台，各地戏班的题壁还依稀可辨，上自咸丰三年(1853)，下至1986年，彩庆班、和春班、四喜班、同乐班来过，栗里班、德庆班、春一班、长春班、喜庆班、老双红班、新同春班，以及景德镇采茶剧团、怀宁县黄梅剧团等，都曾来这里演出过，其中以清同治、光绪年间为多。尤其是曾名满天下的四大徽班进京之一的四喜班，也在这里登台演出过。

祁门洪家敦化堂古戏台的题壁上，记载得比较详细。在这里演出过《小辞店》、《胭脂血》等。民国二十年（1931）十月初五日，建德县乐善堂在这里演出，当时的箱主是汪加土，陈荣章演正生，常玉璋演小生，汪焰宽、毕成桃演小丑，江月明演正旦，汪加文演花旦，范五台演闺门，祝四美、汪小老管账，檀得安皱板，小胡管衣箱。演职人员一清二楚。“初五，日川戏一本，夜《告京臣》上下本；初六，日《双合镜》一部，夜《白扇》上下本。”接下来，初七、初八白天演什么，晚上演什么，也都有安排。

这些常年在乡村戏台上活跃的戏班子，一不留神，就挺进了京城，让充满乡音俚语的徽戏风靡京城，在某种程度上甚至改变了中国人的娱乐方式。

清朝乾隆年间，生于歙县雄村的清朝户部尚书曹文埴，数次操办了乾隆皇帝南巡活动，乾隆对于徽商安排迎驾的徽班和徽园喜爱有加。曹文埴告老还乡之后，特意去了一趟扬州，看望了做盐业生意的兄长，同时招了一个戏班带回到徽州老家。资深戏迷的曹文埴，一方面想让自己的老母在歌舞升平中颐养天年，同时也想正儿八经地给喜欢戏曲的乡亲们开开眼界。

曹文埴将带回的这个家班命名为“华廉家班”。在歙县雄村，“华廉家班”的

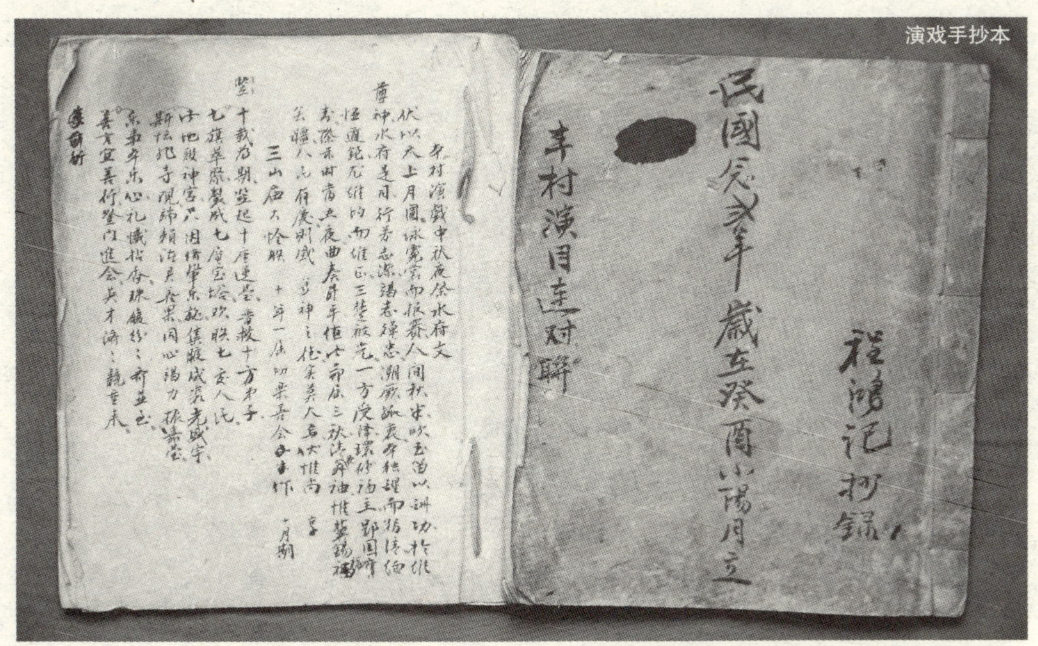

演戏手抄本

演出,都是在曹文埴的“非园”里进行的。“非园”里有亭台楼榭,奇花异卉。曹文埴在“非园”里曾款待过诗人袁枚,还让他欣赏了新排练的剧目《闹天宫》。也许是留恋美景,也许是这里的戏演得太精彩了,袁枚竟然在“非园”里呆了半个多月时间。曹文埴本人当然过的是神仙般的日子,清静的时候赏花吟诗,热闹的时候设台唱戏,兴致高的时候,还邀请上乡里乡亲,一起在园子里乐呵乐呵。

让曹文埴感到扫兴的是,由于昆曲是吴侬软语,他蓄养的戏班子,咿咿呀呀地唱起来时,他的老母听了半天也听不懂,乡亲们也是这样。曹文埴原先想的是让老母亲开心,现在,老母亲听不懂,那么,能不能把这样的戏曲改一改呢?于是,曹文埴从太平、旌德、石牌等地请来了一些老艺人,手把手地教这些小艺人,丰富和改进了原来的唱腔;同时,他还请来了一些文化人,让他们为自己的戏班写了很多戏。在新安江边,古老的徽剧一下子变得跌宕起伏、一波三折、有头有尾了;唱腔也变得刚柔相济、有板有眼。曹文埴的老母与乡亲们都听得懂了,看得也眉笑颜开。一段时间之后,曹文埴索性让他的“华廉家班”走出雄村进行演出。

1790 年 8 月 13 日,是乾隆皇帝的 80 岁生日。在此之前,来自全国各地的戏班纷纷进京,争先恐后给皇帝唱大戏。退休的曹文埴也带着他的戏班来了,只不过他把“华廉家班”改为“庆升班”,意为“庆贺升平”,讨一个吉祥的口彩。“庆升班”在京城共演出了《水淹七军》、《凤凰山》、《徐策跑马》等八出戏,这八出戏中的唱、念、做、打,都显得高出当时流行的昆曲一筹。乾隆看得心花怒放,连连“打彩”,皇帝的打彩可值钱呢,一个彩,就是 80 两银子。演出完毕后,乾隆还破例接见了“庆升班”的全体人员。皇帝老爷子问:你们这戏叫什么来着?大家一个个在心里嘀咕:这是什么戏呢?昆腔、高腔、西皮、二黄、拨子、吹腔,什么都有。正在无言以对时,机敏的曹文埴一跪到底,说:回皇上,这是徽戏。

古老的戏台，在今天依然被派上用场

徽戏一下子大大出名了。乾隆与一帮皇亲国戚们，点着卯要看安徽来的戏班。与“庆升班”一同来京城唱大戏的，还有另一个安徽戏班，那就是赫赫有名的“三庆班”。出资带他们进京的，同样是扬州的徽商。不久，又去了另外几个徽班，他们是春台班、和春班、四喜班。春台班即是由有名的扬州徽商江春创办的。江春是歙县人，身为两淮盐商总领，是一个十足的戏迷。

到了嘉庆年间，“四大徽班”不仅仅站稳了脚跟，而且取苏班（昆曲）、京班（京腔）和西班（秦腔）而代之。在此之后，“国粹”京剧横空出世，划出了中国艺术一道华丽的闪电。正是徽州人，促使了京剧的诞生和繁荣。

当“庆升班”回到歙县雄村后，由于曾得到皇帝的奖赏，身价陡增，同时也接到大批邀请演出的订单。自此之后，“庆升班” 就由曹文埴的族侄曹云舟率

潜口民宅清园中的古戏台

领，一直在外演出，只有当家乡需要时才回到雄村。清咸丰时，该班李世忠、长寿再次进京。

到了清同治年间，徽州的正规徽班和业余的“鬼火班”依然活跃，“同庆”、“阳春”、“庆升”、“彩庆”是当时的四大名班，老百姓称它们为“京外四大徽班”。

光绪二十四年(1898)，由于演出人员过多，“庆升班”班子一分为二，分别为“老庆升”和“新庆升”，两班仍打着“曹相府”称号。一直到民国初年，两班才告终结。庆升班历时130多年，光演出的剧目，就有100多种。

秀美的新安山水，始终缭绕着清音徽声。锣鼓喧天中，一个个戏班子，在大大小小的戏台上演绎着人鬼神兽、忠奸善恶，消解着人生的荒诞、虚无。徽州，就是在这样带有因果报应的热热闹闹中自我欢娱，自我教化。在这样的戏曲演出中，他们耐心地等待着某个坏人被识破后严惩；在放肆咬着旱烟解开衣裳捉虱子的同时，为某一个忠臣的冤屈感叹流泪；或者为了一个亡灵唏嘘唉叹。当台上轻薄的丫环把小姐的情人带进闺房之时，他们在台下兴奋异常；或者黑头包公一声令下抬出虎头铡时，他们便会变得精神抖擞，群情激奋……这就是徽州人对戏的如痴如醉，也是中国人对于戏的如梦如幻。

戏台小天地，人生大舞台。

古园林

Faxian huizhou jianzhu

西递西园

十二　园林胜景

闻名于世的徽州版画里，总有着徽州古典园林的胜景，那些秀丽的山川图画中，隐现着亭台楼阁，回廊水榭，苍松修竹。明代戏曲家、徽州人汪廷讷的私人园林“坐隐园”，在徽州版画《环翠堂园景图》中就有着细致的描绘。

关于中国古典园林的分类，有着不同的标准和分法。一般有两大类区分，一类分作皇家园林、私人园林和宗教园林，另一类是分为北方园林、江南园林和岭南园林。作为建筑、景观的组合，徽州的古园林，是以整体生态环境为依托的，在地理范畴上，在艺术风格上，也都是属于江南园林的，多数是私园。自然，它还有着自身的特色。早在宋代，徽州园林就已经颇具风貌了。当时，大量文人雅士参与了园林的兴建，他们将园林当作一种出仕与隐退的中介，陶冶性情的理想场所，所以这一时期的园林，不是简单地对自然山水的模仿，而是表现出以情趣意境为主的写意山水园林，充满了诗情画意、文人气息。

那时，徽州的一些书院园林就比较有特色。书院园林一般坐落在风景优美的地方，其内部又有景致不错的庭院，所以具有双重的景观，书院建筑本身也是一景。北宋崇宁年间，休宁县藏溪人汪若楫，

后来曾做过紫阳书院山长，他在当地建起了秀山书院，写下了“秀山十景诗”，可见当时的秀山书院，风光是很秀美的，那些摇头晃脑的学子们，不用出门，就可以饱餐秀色。

北宋政和年间，绩溪人许润，是个大才子，与功名利禄却无缘，几次科考进士都中不了榜，心灰意冷的他，干脆自建了一座乐山书院，书院里面筑起了天月亭、南楼，装置得风雅清幽，许润常与一些文人们在里面讲学论道，登楼赏景，聊发牢骚。

在宋元时期，徽州的私家园林数量不少，多称之为“园亭”的。休宁县商山人吴儆建起了竹洲吴氏园亭，同是休宁的朱权，建造了首村朱氏园亭；歙县有舒璘风雩亭，婺源县有庆源圆镜山房……随着历史的变迁，风吹雨打之后，这些私家园林基本上消失得无影无踪了。现存的徽州最古老的私家园林，只有黟县的培筠园，还有着残山剩水。

位于黟县碧山乡碧西村的“培筠园”，建于南宋时期。当时规模相当宏大，里面设有“白鹤馆”，假山池沼、嶙峋怪石，一应俱全；花木扶疏，松青竹翠，曲径通幽，一派江南景色。主人汪勃是南宋绍兴二年(1132)的进士，曾官至签书枢密院兼权参知政事，赐龙图阁学士，汪勃屡遭秦桧排挤，于是就甩袖而去，辞官回到故里，在教自己的孩子读书时，很是花了些心思，并建造了私园“培筠园”。

这座培筠园，多多少少融合了当时都城临安(杭州)园林的风尚。当时宋高宗在临安建的御花园就有40多处，其他贵族大臣也纷纷建造私园，流风所及，徽州不能不受其影响。汪勃在黟县建的培筠园也是有个性的。筠是古人对小竹的别称，取名为培筠园，反映了不再居庙堂之高的汪勃，退而独善其身，保持自己的高风亮节。

就这样，在培筠园里，汪勃过起了清闲而写意的生活，一副闲云野鹤的样子。这其间，同样因为反对秦桧而遭到贬官的礼部侍郎张九成，专程来黟县看望他。汪勃很热情地接待了他，两人谈起黑暗的现实，恨不能立刻仗剑除奸，解民于难，但一时却又无可奈何。

张九成在培筠园里一连住了几个月时间，心情也变得平和了许多。临走之际，他写下了一首七绝《碧山访友》："万仞巍然叠嶂中，泻来峻落几千重。森森桧柏松花老，又见黄山六六峰。"诗中记叙了碧山与培筠园的胜景，也暗喻了秦桧一手遮天的情况终究不会长远，同时期望好友汪勃能够复出为官。如今的培筠园里，还有着古木、假山、水池，其中就有一块斑驳的石碑，将近900年了，石碑上刻的正是《碧山访友》这首诗。

明清时期，是徽州园林发展的黄金时代。当时，徽商称雄江南，富可敌国。江南名城扬州，是徽商云集的一个地方。徽商在这里广建园林，园林往往成为高朋满座的雅集之地。《扬州画舫录》里，就记录了清初时徽商在当地营建园林、玩赏风雅的种种情形，其中描绘的马氏小玲珑山馆、程氏筱园和郑氏休园，是当时扬州最为有名的3座园林，园主都是侨居扬州的大徽商。扬州现存规模最大、最著名的"个园"，就是在"马氏小玲珑山馆"基础上改建的。

清乾隆十六年(1751)，皇帝南巡扬州时，竟到过十八家徽州人的私家园林。徽商巨头汪石公去世后，他的老婆汪太太，一直操持着生意，在乾隆来扬州之前的几个月时间，和一帮盐商选择了数百亩荒地，仿照杭州西湖的风景，建起亭台园榭，以供皇帝欣赏。当乾隆抵达扬州的前一天，汪太太见亭台园榭旁，美中不足，缺少一方水池，于是出钱请工匠连夜挖凿，一切准备就绪后，皇帝驾临，御览后龙颜大悦，当即赏赐珍宝。

不仅仅在外地大兴园林，徽商们也将这个喜好带回到了故里。阅览天下名园的他们，在徽州造起园林来，更是得心应手。

著名古建筑、园林研究专家陈从周先生，曾对徽州园林作过评价："文人园是徽州古典园林最本质的艺术特色。"从构成要素来看，徽州古典园林中的诗文楹联、假山叠石、楼台亭阁等，处处浮动着文人气息；在造园手法上，借景、隔景、对景、框景等等的运用，也充分体现了文人的"含蓄曲折、秀逸奥旷"的审美情趣。

坐落在丰乐河畔的西溪南村，也叫丰南村，是徽州名气很大的村落，曾是徽州最富庶的村落之一。有着1200多年历史的西溪南村，曾是个商业重镇，也是个文化胜地，唐伯虎、祝枝山、董其昌、石涛、渐江等历史名人，都曾来此游览，

黄山市徽州区西溪南村果园，现被开发成“金瓶梅遗址公园”

而被乾隆皇帝珍藏在“三希堂”中的《快雪时晴帖》和《伯远帖》，都出自这个村子的吴氏收藏家。

西溪南人经商由来已久，明代中叶达到鼎盛时期，那时候，吴氏家族在扬州从事盐业，在金陵开设典当铺，又在运河沿线从事米布贸易，很多人都发了大财。正是在这样的情况下，许多吴氏商人将财富转移回了西溪南村。

当时，西溪南村中，有很多住宅中都建有私家花园。据西溪南的村志——当地人吴吉祜所编撰的《丰南志》记载：西溪南一村，共建有园林 41 处，其中，最有名的是“十二楼”园林和十大名园。

“十二楼”，又称“葫芦门”，据说最初是由明代徽商吴无逸所造的，雏形是前花园、西花园等几个花园，后来传到他的儿子吴天行手上，吴天行花费了巨资，将十二楼进行了扩建和改造。江南四大才子中的两位，唐伯虎和祝枝山，都参与了规划设计，吴氏姻亲、明代兵部左侍郎、戏剧家汪道昆，还专门撰写了《十二楼记》。

当年，吴天行从四方运来无数的奇石，大肆营建园林台榭，其间泉石幽深，美不胜收。不仅如此，吴天行还从各地搜罗了许多面貌姣好的女子，蓄养在“十二楼”之中，据说有 100 人的规模。所以，吴天行又有“百妾主人”的称号。在这些佳丽当中，有的是民间丽人，有的是吴天行花重金买来的头牌青楼女子。一时间，“十二楼”在江南地区变得非常有名。

吴天行如此花天酒地，当然与他的生活方式以及当时的社会风气有关。富庶一方的吴天行，也是想在经国大业中有一番作为的，但商人在当时的社会中，既没地位也报国无门。

同为西溪南村的徽商吴养春，就是一个案例，他曾在明朝万历年间捐了30万两银子给朝廷，得了个中书舍人的赏赐，后来却遭到陷害，家破人亡。

在这样的情形下，有钱的吴天行索性倚红偎翠，在脂香粉艳中寻求解脱。尽管娶了许多妻妾，吴天行一生却并无子嗣，看着园中的果树开花结果，吴天行叹气说："既然春风不归十二楼，那园子就不叫十二楼了，叫'果园'吧。""果园"之名由此而来。

现今，位于西溪南村前街北侧的"果园"，还遗留有明代的假山水沼，大致可以看出当时是按照四时来布景的，西北角为石塔岩，西南角为牡丹台，正西边为仙人洞，石塔岩和仙人洞之间，就是"藏春坞"。巧妙堆砌的假山洞里冬暖夏凉，假山洞东面开有双门，西面开有一洞门，北面朝向"宜上亭"，南面开有一个门，进入各洞门时人可以直身，洞中可容纳十多人。

历史上，关于"十二楼"的传说颇多。如今有人认为《金瓶梅》故事就是由"十二楼"而来的，荒淫无度的西门庆的原型就是吴天行；至于署名兰陵笑笑生的《金瓶梅》的作者，是徽州人、曾任明代兵部左侍郎的汪道昆。据说《金瓶梅》成书的那几年，正是汪道昆官场失意隐居之时，汪道昆完全有动机、有时间、有才气来写作这样一部"讽世之作"。

汪道昆在西溪南村，其实也有一处私家园林，就是名列西溪南村的十大名园之一的"钓雪园"，现在成了一个旅游景点了。据《丰南志》记载，园内有钓雪堂，堂前有假山石，山上有亭，亭子上题额为"春风第一"，亭前是"翠玲珑馆"，馆中有数十株木樨，上千竿竹子，整个园内遍植999株梅花，花开时节满园芬芳，白色的花瓣随风飞舞，如同白雪飘飘，因此，汪道昆就把园子命名为"钓雪园"，也有"独钓寒江雪"的意思，显示出主人卓尔不群的文化品位。

出于对浓郁文化气息和自然美的迷恋，当年的徽州人很在意自身生活环境的营造，注重造轩、造书斋、造园林。这些，都可以看作人们在骨子里对于自然的亲近愿望。徽州的园林，一直是本于自然的，又高于自然。

徽州潜口的水香园，是徽州明末清初六大园林之一，为潜口当地人汪沅所建，占地2000多平方米，气势宏大，当时不少达官显贵、文人名士游过此园。园中巧设亭台楼阁，霞山草堂、索笑轩、碧汜楼分布于花木山石之间，错落有致。水香园内有百余株梅树，还有丹桂、紫荆、菊花、海棠、芙蓉、月季等各种花木。荷花池里的红白荷花，成了夏季园内的花中仙子；园中的梅花，品种繁多，花期不一。园林四时色彩变幻，因时生景，活泼多端。

位于黟县南屏村的西园，曾受到桐城派鼻祖姚鼐的关注，也就格外的有名。这座园林建于清乾隆五十六年（1791），坐落在叶氏宗祠前，当时的村民叶君华为了便于儿童读书，和一些文人雅士聚会，就建起了这座园子。西园小中见大，园中有四个庭院，分别是牡丹园、梅竹园、山水园、松柏园，同时还建有书房、官厅、厢房亭台、回廊等，雕花槅扇门让室内有着充足的光线。

在徽州讲学期间，姚鼐应园主的邀请，写下了《西园记》，将西园大大地赞美了一番。遐迩闻名的“西园”，如今只留下石雕的“西园”两字大门额，还有西园溪、西园桥、古樟树等。

在黟县西递村，也有座西园，建于清道光年间，园主就是胡文照，这是一座庭院式的园林，利用有限的空间，创造无限的意境。入口是砖砌的八字形门楼，三幢楼房一字形排开，以一个狭长的庭院，将其连成一体，庭院之中，又以砖墙、拱形门洞和墙上长方形漏窗相隔，形成了前园、中园与后园三个部分。这样的处理，使得整个园林处于“似隔非隔，界与未界”之间，给庭院增添了幽深之美。同时，园林中还精巧地布置了假山、花台、鱼池、盆景，给人以移步换景，美不胜收的感觉。园门上有“井花香处”、“种春圃”等题款。

位于黟县宏村的碧园，也颇似西递西园的布局，它始建于明代末年，是清代庭院水榭与民居结合的代表，是园居的典型，园林与建筑浑然一体，所有建筑既可居又可游。在不到300平方米的面积内，碧园竟用院墙隔成三个截然不同的景区，园内主要建筑与景致有燕诒堂、瓜果园、鹤寿堂等，燕诒堂分上下两层楼，登楼可观赏全园风光，堂前有走廊，廊前接一水榭，凌于水池之上，水池很小，两三平方米而已，却很精巧、清幽，水池边墙上开设有条形漏窗，嵌有“祥云瑞气”字样，离漏窗不远有一个月洞门，门上题有“碧园”二字，这里曲曲折折，一景又一景，变化多端。

徽州园林崇尚自然，就形造景，寓情于景，将人工造园与自然景观有机地融在一起，“虽由人作，宛自天开”。水口园林就是很好的范例，在徽州极为常见。徽州古村落水口原为风水而建的，经过人们精心的设计、安排，水口上镇有文昌阁或者是文峰塔，楼台近水，石桥横溪，凉亭翼然，还有点缀其间的诗文楹联，这一切又都掩映在古树丛中，成为古代人们休憩娱乐的“公园”了。

位于徽州区的唐模村的檀干园，建于清初，今天基本保持完好，檀干园是唐模村的水口所在，具有水口园林的特色，也有着私家园林的性质，因为它最早是由许姓商人“师法自然”建造的。许姓一族是从南宋时期迁入唐模的，不断繁衍生息，到清初时，许姓有一位商人，在外开了三十六爿典当铺，发了大财，他的老母亲一直向往着苏杭的美景，但山路阻隔，不便行走，很有孝心的这位富商，为了让老母亲在家门口就能欣赏到西湖一样的美景，就花钱仿造西湖的景致，在唐模挖塘筑堤，修楼阁，建亭子，搭建起10座石桥，一个“小西湖”成形了，湖堤四周，遍植檀花、紫荆，所以又称“檀干园”。当时，园内还立有苏东坡、倪云林、文征明、查士标等人的书法石刻，非常精美。檀干园虽然是仿效西湖的，但小巧紧凑，清新淡雅，具有典型的徽州园林的韵味。

徽州的岩寺镇，曾有娑罗园、菜园、檀山苑等八大名园；岩寺的水口园林，也是很有名的。当年，这里被视为凤山灵境，有一座七层的古塔，站在塔上可以俯瞰全镇，远望黄山天都、莲花二峰，塔下有凤山台，台下建有三元阁，供人休息观景，这一带遍植水竹，一片翠绿，还有枫树成林。余公桥横跨溪水，与北岸相连，有一座庙宇，水边又有一座小亭子，坐在亭子中，可以观赏塔影桥虹，简直就是一幅优美的图画。

岩寺水口这一带，实质上也有寺观园林的景致成分。作为佛寺和道观附属的

园林，寺观园林也是徽州园林的一个重要组成部分，巧借名山胜水装点自己。

20 世纪 90 年代初出版的《中国古典园林史》一书，将休宁县齐云山的太素宫，作为寺观园林十例之一进行介绍。太素宫始建于宋宝庆二年(1226)，后代屡有修葺。

太素宫是齐云山中最大的宫殿。太素宫选址绝妙，完全依照四灵兽格式所建，四灵兽即道教上的左青龙、右白虎，前朱雀、后玄武。太素宫左有钟峰，右有鼓峰，后倚玉屏峰，前对香炉峰，更有象征五行风水的五股清泉，在殿前汇为一水，蕴含九九归一之意。作为正殿，太素宫位居齐云山中内环的中心点上，是核心部位，是风水中的穴。玉虚宫则是齐云山现有的最古老的道观，殿前通道两端入口，分别设有云龙关、风虎关两座石坊，用以聚气。玉虚宫本是依山就势而建，乍一见似与山一体，这一藏，便显师法自然，巧夺天工了。雄伟的道观建筑坐落在群峰环峙之中，园林化的环境气象万千，令人目不暇接。

徽州的私家园林，多是官僚、官商所建的，也有文人所属的。这些园林，实际上是宅第的扩大与延伸，是园主日常游乐、会友、读书的地方，他们引山水入家，在家如在野。

清朝户部尚书曹文埴适时而退，归隐故里雄村之后，曾在雄村建造了一座漂亮的私家园林，题为“非园”。“非园”完全可以跟扬州园林相媲美，有着“欲榜斋”、“得此山房”、“排青榭”、“听雨窗”、“广寒蹬”、“春风领袖亭”、“学圃”、“旷如亭”、“玉照轩”、“证一亭”、“蹑云蹬”、“水香亭”12 景。从京都回乡之后，曹文埴还特意从扬州带回来一拨戏班，没事就在“非园”里唱戏排练。江南才子袁枚就曾在“非园”里住了半个月时间，观看了曹文埴家中的戏班，新排练的剧目《闹天宫》。袁枚回到南京后，也根据“非园”的样子建了一个“随园”，但“随园”终没有“非园”那样巧夺天工，袁枚哪有曹文埴那样的财力呢。只可惜的是，“非园”毁于后来太平天国的兵燹。在抢劫一空之后，那些巧夺天工的胜景，被一把火烧了个精光。

在今天的歙县郑村，“汪家大屋”的附近，有一片竹园和菜地，据说就是当年大名鼎鼎的“不疏园”。“不疏园”也是汪家祖上建造的，在徽州历史上曾经非常

休宁齐云山玉虚宫

有名，后来，毁灭于咸丰年间的太平天国运动。清乾隆年间，郑村汪景晃在22岁那一年，弃文从商，从事卖布行业，几十年下来，赚了不少钱。到了他儿子汪泰安手上，财富得到进一步聚拢。汪泰安虽然身处商海，但特别喜欢读书作文之事，他常常在处理完商务之后，开始读书，一直读到油灯耗尽为止。不仅如此，汪泰安还希望自己的儿子穷经研史，成为好学之士。出于这样的想法，汪泰安退田还园，修建了“不疏园”。之所以以“不疏园”命名，汪泰安的儿子汪梧凤在后来的一篇文章《勤思楼记》中，对此进行了阐述，原来，“不疏”二字是要后人读书其中，时刻警觉，不可一味地追求功名利禄、疏远田园。

“不疏园”一度在徽州影响很大。关于“不疏园”的面貌，汪泰安的孙子汪灼有一个好友叫吴云，曾为作过一幅《不疏园图》，完全地写实了全园的风貌，但现在只能读到汪灼的题诗，看不到吴云的画了。根据汪灼的《不疏园十二咏》一文，大略可以推断它的概貌：这是一座集别墅、园林、学馆为一体的园林，设计豪华精致，园中布有楼轩亭阁、书屋草堂、假山池沼，曲径通幽，竹树葱茏，花草扶疏；园中的题款也是一些大儒的墨迹：比如“六宜亭”，由书画家巴慰祖所题；松溪书屋，由程瑶田题；半隐阁，由桐城刘大櫆题，等等。不仅如此，“不疏园”还有丰富的藏书，据说达数十万册之巨。

“不疏园”落成之后，当时徽州的一批大儒，比如说江永、戴震

等，都是这里的常客。“不疏园”曾经礼聘江永和戴震来这里担任教授，给汪家子孙上课；而戴震又借此地师从江永。除此之外，郑牧、汪肇龙、程瑶田、方矩、金榜等也经常来此，加上汪家子弟汪梧凤从江永研习六经之学，以上 7 人被称为“江门七子”。其中，江永在“不疏园”共住了 7 年之久，他的《算学》(原名《翼梅》)、《乡当图考》、《律吕阐微》和《古韵标准》4 部重要著作，都是在“不疏园”完成的。“不疏园”可以称为皖派经学的实际发祥地。汪梧凤之子汪灼在《四先生合传》中曾对戴震的功名这样评价：“先生名成于征聘，而学之成源于两馆余家。”这样的记载颇有三分自得。

“不疏园”最后的主人是汪宗沂，他是汪泰安的五世孙。汪宗沂同样也是一个才华横溢、胸有韬略的大儒。他是 1880 年的进士，也是王茂荫的女婿。汪宗沂考中进士之后，因为太平天国运动爆发，没来得及当上官，就一直呆在老家。不久，太平天国进军徽州，“不疏园”在战火中未能幸免。不仅仅如此，汪宗沂自己住的老宅“善继堂”，因为靠近“不疏园”，也惨遭兵燹之难。现在，善继堂一片坍墙残垣，连汪宗沂这个名字，也很少有人提及了，但人们都知道他的一个弟子黄宾虹。他还有一个儿子，也是大画家，叫汪采白。

“楼台荒废难留客，林木飘零不禁樵”。清晚期徽商江河日下，徽州的园林也同样呈现了衰颓迹象，遗存至今的徽州古园林，已是凤毛麟角了，也显得特别的珍贵。

古书院

Faxian huizhou jianzhu

竹山书院内景

十三　书院春秋

18 世纪中叶，清乾隆年间一个春天的上午，阳光明媚，锣鼓喧天，鞭炮齐鸣，由曹景廷、曹景宸兄弟捐资建造的竹山书院终于完工了，这一天可以说是歙县雄村人的节日，村子里终于有了一个书院，从此之后，雄村子弟就不必辗转到别的地方，可以在这清波荡漾的新安江边，专心地读书，然后专心地参加科举了。

站在竹山书院前的高台上，曹氏兄弟表达了自己建造书院的初衷：建书院，是父亲的遗志——寓居扬州的两淮八大盐商之一的曹堇饴富甲天下，曾奉命接驾第二次南巡扬州的康熙皇帝，达到了一生荣光的巅峰。曹堇饴读书不多，却向往着读书求仕的生涯，对于商，总有一种挥之不去的自卑和无奈。曹堇饴在辗转病榻、弥留人间之际，再三地嘱咐两个儿子曹景廷、曹景宸，“当在雄溪之畔建文昌阁、修书院”。

竹山书院位于雄村的水口，面向着竹山，在建造过程中，曾接受清代才子袁枚的建议，放低院墙，以便尽收园外之景。建成的竹山书院，是一座二进三楹的学舍建筑，主要由清旷轩、文昌阁、百花头上楼、北楼和牡丹圃等组成，书院内的正壁悬有蓝底金字板联一副：“竹解心虚，学然后知不足；山由篑进，为则必要其成。”这副对联既

竹山書院

竹山书院

解释了竹山书院名称的由来，也寓意着对于治学和处事的态度。“篑”是盛土的竹器，“山由篑进”，指的是由一点点的泥土堆积而成。这样的比喻，跟荀子《劝学》一样，阐述的都是一种学习的道理，也是一种做人做事的道理。

当年的曹堇饴果然是有眼力的，竹山书院在建成后不长的时间里，雄村和他都得到了回报。书院不仅仅使雄村后进人才辈出，也直接造就了他的曾孙曹文埴，以及曹文埴的儿子曹振镛的成长与发达。曹文埴25岁考中传胪，也就是第四名进士，居状元、榜眼、探花之后。他在内廷为官多年，官至户部尚书。清代，编纂《四库全书》时，乾隆皇帝任命曹文埴为总裁之一。曹文埴的儿子曹振镛，更是直接在竹山书院就读，刚成年就考中进士。后来又任清朝的吏部尚书等职，是清廷的三朝元老。

关于曹振镛的苦读，雄村至今还流传着一个故事：曹振

镛在竹山书院就读时，顽劣异常，不肯用功，其姐十分着急，规劝他："你不读书，将来如何登堂入室，承继父业？"曹振镛夸下海口："他日我定为官，且胜吾父。"姐姐激他："你若为官，我当出家千里之外为尼。"曹振镛从此潜心攻读，后一举中榜，并官至军机大臣，权倾朝野。其姐为不食言，坚持要出家，曹振镛苦劝无效，又怕姐姐在千里之外孤苦伶仃，只得借当地俚语"隔河千里远"之意，在雄溪对岸建了一座慈光庵供其姐修行。

如今，与竹山书院隔着河流的对岸的山上，一丛绿树修竹之中，坐落着寂静的慈光庵，当年，曹振镛的姐姐就一直呆在这座尼姑庵里，出家至死。

每当清晨来临，柔和的亮光开始映在古旧的瓦檐上时，竹山书院里便会有琅琅的书声泛起，掺杂在练江的雾霭之中。清丽优雅的竹山书院便成了曹姓子弟叩击仕途的演练场。曹氏族人曾立下规矩，凡曹氏子弟中举的可以在院内种植桂花树一株，以示嘉勉。因为这样的勉励，雄村的子弟自然格外勤勉。明清两代，雄村曹姓学子中举者就达 52 人之多，其中还有状元 1 人。而仅清朝年间，光进士就中了 23 个之多。一个小小的村落，因为有着书院而"英才辈出，人文荟萃"了。

当时的书院院落里，长满了各种各样的金桂银桂，即使是现在，园内还留有数十株桂树，平日里郁郁葱葱，而到初秋之时，满庭桂花，香飘数十里。整个雄村更是氤氲在香馥浓郁的气息之中。这香气，无形中也成了激发子弟的一种动力。

值得一提的是曹文埴，他是徽州历史上的一个非常重要的人物，在清廷服务了数十年。52 岁那年，曹文埴向乾隆提出了告老还乡的申请，理由是老母年岁已高，在徽州家乡没人照料。乾隆很快批准了。曹文埴脱下锦冠衣袍，沿着大运河先到了扬州，然后又回到徽州雄村。在雄村休息了一段时间之后，曹文埴开始奔波于徽州各地了。他所做的一件大事仍是跟教育有关——那就是全力复建"古紫阳书院"。可以想象，当时已过知天命的曹文埴在做这样的事时，付出了多少心血：争取官府的支持，征集富贾的捐助，商议书院的设计……在他的主持下，"古紫阳书院"在几年后终于落成。曹文埴亲自题名"古紫阳书院"，并且亲自撰写了两篇关于“古紫阳书院”的文章:《古紫阳书院记》和《古紫阳书院续记》。而当这一切完成之后,曹文埴也似乎觉得自己的人生圆满了,不久,欣然告别了人世。

现在,昔日的竹山书院静静地安卧在练江边上,从外部看,风光旖旎,一派安宁;但在内部,已很难从中感受到当年的荣光和典雅了,剩下的,只是一具空巢,园子里还有数株粗大的桂花树,还在葳蕤地疯长,阴阴地,带有落寞的野气。

“竹山书院”算是徽州儒风兴盛、重视教育的一个缩影。据统计,明清两代,徽州一府属六县共有书院85所。

徽州最早的书院为桂枝书院,它建于宋景德四年,也就是公元1007年,位于绩溪县的旺川村,为绩溪人胡忠所创办,胡忠为胡适的第三世祖。明天启年间,桂枝书院演变为祠堂,改名为桂枝文会,并一直沿用到建国初期。现在,桂枝书院的所在地已是颓垣碎瓦,荒草废墟,只有残留的碑文,昭示着昔日的荣光。从该书院的遗址来看,当初书院依山而筑,台基高大,石阶甬道,规模可观。在当年,“唐宋八大家”之一的苏辙,正好在绩溪任知县,文人的号召作用还是明显的,苏辙在任期间,文风蔚起,书院大兴,社学和私塾也纷纷建立。桂枝书院正是在这样的背景下建立起来,可以想象的是,既然题名为“桂枝”,想必书院里是有着满园丹桂的——自然恬淡的心境和宁静幽美的山水悠然合一,正好体现了儒家之道对于自身超越的要求。桂枝书院以教胡氏乡族子弟,“群一族之英、兴一族儒学”为目标,采取个人钻研、相互答问、集体讨论、轮流讲学等方式,研习儒学经典和经世济国之术,为胡氏宗族培养了一个又一个儒学人才。文化名人胡适,从小也在这个书院里苦读过。

宋代徽州共有书院15所,除一所官办之外,其余的,都为民办。休宁的西山书院,为南宋龙图阁学士、吏部尚书程大昌的讲学处;黟县的石鼓书院,是南宋丞相江万里的读书处;黟县的柳溪书院,是宋代大儒汪叔耕讲学处;歙县棠樾的西畴书院,为宝庆州学教授鲍寿孙的讲学处,鲍寿孙和他的父亲鲍宗岩曾在危难面前争死,棠樾的慈孝里牌坊就是旌表他们的。宋末元初的著名诗人、祁

门人方回，也在西畴书院里讲学论道。

这时候的书院，尽管有着各式各样的不足，比如对科学技术的忽略，轻于务实，流于清谈等，却有着自由讨论学术、交流思想的传统，可以自由地批评官府、批评官员，甚至可以直接向皇帝提出道德要求。这些早期书院的存在，在一定意义上，对于拓宽中华民族甚至人类的思维宽广度，有着异乎寻常的意义。

徽州书院当中最有名的，是号称“徽州第一书院”的紫阳书院。建于南宋年间的紫阳书院，当年曾与岳麓书院齐名。紫阳书院昌盛之时，书院里镌刻朱子的《白鹿洞书院揭示》，王阳明也为书院题词。在很长一段时间里，紫阳书院一直是新安理学的中心，就像一盏灯，照亮着徽州的山山水水。尤其是，宋理宗曾亲执御笔，给这个朱熹老家的书院题名，紫阳书院更是名噪天下了。

到了元代，歙县的紫阳书院不幸毁于战火，明洪武初年，得以重建，院址就在歙县县学里。明正德年间，徽州郡守张芹在紫阳山中也建了一座书院，从此，歙县有了两个紫阳书院，讲学之风盛极一时。清代，康熙、乾隆皇帝先后为紫阳书院御题了匾额。后来，这两所紫阳书院又冷落了一段时间，直到“古紫阳书院”由曹文埴组织在歙县县学后的朱文公祠里得以重建。此后，桐城派文人姚鼐等一大批有识之士曾在这里执鞭讲学。

清光绪三十一年（1905），随着科举制度的废除，紫阳书院关上了沉重的大门。如今，在歙县中学内，还存有朱子殿、道志舍、文公井等书院的一些建筑，一方由曹文埴题额的“古紫阳书院”碑坊，还依然耸立着。

紫阳书院里曾走出徽州许多有名的历史人物。明代大学士许国以及状元唐皋，都是从这里走出的。许国是嘉靖、隆庆、万历三朝重臣，一生政绩卓著，为官清正，曾受封为“武英殿大学士”，并被恩准建造“许国石坊”。至今，那座巍峨的八脚牌坊仍屹立在歙县县城的老街上。至于状元唐皋，当年他曾出访朝鲜，并将从朝鲜带回的一枚砚台，掷进了紫阳书院的井中。这样的行为，一方面是表明自己的廉洁，另外一方面也意在激励后生的奋进。

宋代之后，民间书院更是雨后春笋一样兴盛。歙县的师山书院、斗山书院，黟县的中天书院、碧阳书院，休宁的还古书院、天泉书院，婺源的明经书院、福山书院，祁门的竹溪书院，绩溪的东山书院等，在当时都远近闻名，成为徽州学者、教育家们攻研程朱理学和诸子百家，讲学授徒之地，四方学者云集，“儒风之盛甲东南”。

这些书院，不仅仅为徽州培养了子弟，更重要的是，孕育了一个地方的文脉气场，形成了一个地方良好的读书风气。

休宁的还古书院，是徽州宣扬王阳明学说的一个中心，在明代与歙县紫阳书院对峙而立，颇具影响。书院建在万安镇古城岩，依山临水，叠石而成，左有“汪王故宫”，右有万寿塔，成为当时休宁的一大胜景。可以想见的是，当时书院里还延续着一脉宋元余风，虽然社会的钳制越来越紧，书院的风气也有了很大的转变，但师生们还是热烈地相互问答，探讨着形而上的话题和内容。受王阳明、谌若水之学的影响，徽州学界也掀起了会讲的风潮。

在黟县中学里，还保存着碧阳书院的一些遗迹，碧阳书院始建于明嘉靖四十二年，也就是公元 1563 年，据说，这里原有一个庞大的建筑群，书院只是其中的一个部分。在遗存的一方石碑上，镌刻了当时建造这座书院的意旨、规条。书院右侧的崇教祠，和镌刻在墙垣上的门额“源头活水”四个字，都表达了徽州人尊师重教的大众心理，表达了徽州人对于家乡弟子的希冀。

书院是民风以及追求的产物，也代表着一个地方的希望。作为府学、县学之外的私立教育机构，它的经费需要自行筹集。一所书院在经济上，也是有着压力的，除了教师的俸禄之外，还有开支教学管理人员的佣金，还有相当数量的厨子、门夫、堂夫等后勤人员的费用。除此之外，每个学生的吃、住、助学金、文房四宝的费用，都得由书院承担。这些开支，最主要的来源，就是学田制度。政府官员想资助书院，就拨些田产给书院，一些大户为了表示支持，同样也捐些

田地给书院。而书院，就是靠着这些田租，来维持着发展。当然，还有一些辅助的“膏火费”等募捐形式，这样下来，一般书院的经费，往往也并不存在着问题，一些天资聪颖的贫家子弟，也就能安心地在书院就学。

徽州就这样成了一个读书的好地方，无论盛世，还是国难当头，徽州都荟萃了一大批潜心读书做学问的人。而徽州人，也形成了这样一种矛盾的情形，从商，只是谋生的一种手段，而读书入仕，才是坦荡正途。只要稍有条件，一般的徽州子弟便要读书，整个求学的道路是这样的：在七八岁时，在家里接受先生的教育，称为“蒙学”；到了十四五岁，即要找一学问深厚的先生开讲“经学”；之后，要看家庭经济情况，分别转入轩、阁、馆，开始“义学”的道路，而在此之后，村里便要选定一些天姿聪颖、学习用功的后生，让他们进入这样的书院专心读书。书院的课程以经学、史学、义学、文字学为主，主要是为了应付科举考试的八股文和试帖诗。在此之后就是应试了，县试考秀才，三年一次，若中，则供养其进一步考举人；若不中，一般来说都还有一次再考秀才的机会。若再不中，则没机会让其读书了，算是彻底地从“名利场”上退下来，于是便回村中结婚生子，或从事一些耕耘，或者就干脆“下新安”外出从商去了。

到了明朝，随着统治者的严酷和狭隘，徽州和中国其他地方一样，在文化上也面临着狭隘和堕落。封建统治者律政不守信用，教育机械浅薄，在这样的情形下，徽州书院的性质发生了根本性的变化，大都摒弃了高妙的思想，转而以八股求功名了。由自由文化起头办起来的书院，慢慢地，就变成了科举制度的小作坊了。当然，以徽州人原先的智力开发，对付“八股”的“小儿科”，自然是不在话下。从1647年到1826年的近200年时间里，徽州府共产生了519名进士，在全国科甲排行榜上名列前五至六名。而与此同时，江苏省却只产生了一甲进士94名，其中有14名出自于徽州；浙江一甲进士59名，有 5 名是徽州人。徽州当地“连科三殿撰,十里四翰林”,或者“一门九进士,六部四尚书”之类的科举故事,不胜枚举。

徽州变得沉寂了。在明朝统治的数百年中,徽州几乎没有产生过一个具有代表性的思想家。这样的局面一直延续到清朝,清朝也只是在乾嘉年间,才出现了一批颇引人注目的学者,他们是婺源人江永,休宁人戴震,歙县人程瑶田、洪榜等。不屑八股的他们,一直试图建立自己的教育体系。在一片科举的洪流中,只有他们,固守于偏僻的乡村书院,积薪传火,战战兢兢地维系着一脉微弱的火种。

坐落在黟县宏村的南湖书院,是一所保存较为完整的清代宗族书院。明末时,经商致富的宏村汪氏家族,在南湖北岸建起 6 所私塾,称之为“依湖六院”。清嘉庆十九年(1814),这 6 所私塾被合并,建成了“南湖书院”。书院由志道堂、文昌阁、会文阁、启蒙阁、望湖楼和祗园六部分组成。志道堂是讲学的地方;文昌阁供奉孔子牌位,学生在这里对孔子瞻仰膜拜;会文阁是学生读四书五经的场所;启蒙阁为孩童启蒙读书之处;望湖楼是闲时观景休息的地方;祗园呢,是内苑。书院前是一汪碧水,湖光山色中,倒映着粉墙黛瓦,杨柳依依,风景如画。整座书院建筑布局合理,功能齐全,精巧实用,儒雅别致。只是,现在会文阁、望湖楼和祗园等都已不存在了。南湖书院造就了一批人才,清内阁中书汪康年、中华民国总理汪大燮,等等,都曾在这个书院里求学,或许,在他们的记忆中,一直都有着南湖的波光潋滟。

关于南湖书院,还有一个故事。南湖书院又叫“以文家塾”,“以文”,就是汪以文。汪以文是宏村人,屡屡考第不中,之后,无奈的他只好去杭州做生意了。汪以文到了杭州,跟着同族商人汪授甲做了一段生意之后,前景并不看好,因为他毕竟不是做生意的料，对于生意上的事情也没有多大兴趣。在这种情况下,汪授甲便将汪以文推荐给了杭州知府,让他替知府管账。可是没多久,知府因为贪污受贿被查办了。这时候,汪以文突然想到了汪授甲刚刚送给知府的两坛寿酒,当天晚上,汪以文潜入库房,打开寿酒坛,发现里面藏有很多元宝,汪以文赶紧将银元宝从酒坛里倒了出来，换成了清水，还在里面放了一块写着

南湖书院

"君子之交淡如水"的木牌。

不久,杭州城里的不少商贩,因为知府的案子受到牵连,有的被抄家,有的被关进大狱,但汪授甲却得到了幸免。当汪授甲知晓其中的原因时,汪以文已经回到了宏村。为了报答汪以文的恩情,汪授甲连忙赶到宏村,要送汪以文很多银两,同时又邀请汪以文再赴杭州。汪以文死活不从,汪授甲无法,灵机一动说,"我在南湖边建一个书院吧,让你在里面教书,教宏村的孩子读书。"汪以文这回没有拒绝,他答应了。于是南湖边很快就有了这个书塾,并且以"以文"命名。汪以文接受的原因不是为自己,而是为了村里的孩子。对于这个坐了一辈子冷板凳的穷书生而言,能让自己家乡的后生们金榜题名,那便是他最大的理想了。

宏村就这样建了南湖,又建了书院。可以想象的是,当白天里琅琅的读书声退去之后,一袭布衣的汪以文,闲散地走在南湖边上。这大约是他感到最惬意的时候了。夜晚的南湖看起来比白天更美,湖中的荷叶在夜色之中,婆娑着,像一幅水墨画一样,而这时候南湖边上的书院沉静而优雅,它坐落在那里,似乎本身就是一本线装书,是他读了一辈子的书。

一个个饱学之士,一个个经天纬地的思想家,就是从这样的一座座书院中生长出来的。徽州也因此成为了"东南邹鲁"。书院给徽州带来的,不仅仅是人才,更重要的,它也在为这个地方积淀着底气,为这个地方培养着一种人格力量,形成宁静畅达的地域灵魂。

古桥

Faxian huizhou jianzhu

登封桥桥阶

古
桥

十四　古桥遗韵

“川河似练水如天，千年徽州皆古桥”。徽州境内天然多水，河流纵横，河面上也就有了大大小小的桥梁。在这些桥当中，有拱桥、平桥、月桥、廊桥等。当年，徽商就是从这些古桥上走过，他们斜背着雨伞，深一脚浅一脚地走向了外面的世界。

烟雨迷蒙中，新安江上驶过一只只乌篷船，两岸不断地在变换着风景，湿漉漉的青石板路和石桥后退得越来越远。

新安江在歙县县城一带，称为练江，它是富资、布射、丰乐、扬之四水交汇后形成的，练江长仅 6.5 公里的江面，负载了 9 座古桥。其中著名的要算建于明朝的太平桥、万年桥和紫阳桥了，3 座桥又合称古歙三桥，横跨在练江之上，如长虹卧波一样。

古歙三桥中名气最大的太平桥，过去是婺源、祁门、黟县、休宁等县进入徽州府治歙县的必经之桥，在今天，也是要津之处，3 条公路干线交汇于此：往东北通向长江边的商业重埠芜湖，向东南抵达美丽的杭州，向西通到瓷都景德镇，而经由岩寺往北，就是名闻天下的黄山了。

那一年，来歙县寻访隐士许宣平的李白，曾在太平桥附近喝酒赏月，他朗声吟道：“卉木划断云，高峰顶参雪。槛外一条溪，几回流碎月。”四水交汇的这里，风光确实美好，白沙成滩，水静如练，不过那时还没有石头砌就的太平桥，要不然李白会更加地流连忘返、诗兴大发。

太平桥是明代建造的，是安徽省境内现存的最长的石拱古桥了，它全长268米，宽7.1米，高13米，有16个桥孔。桥的中心原先有桥亭，亭内供奉有佛像，桥两边有碑记，凡是在历次石桥维修中捐款的，他们的姓名都被刻在了石碑上。解放以后，为了便于通车，就将桥亭和碑记拆除了。1969年一场洪水，冲毁了栏杆、桥面，后来桥面改成钢筋混凝土结构，同时用“悬桃”加筑两侧人行道，架装栅栏。

桥，在中国由来已久。现存的古桥不仅数量多、种类多，而且构筑精、造型美。古代桥梁主要有四大类型：梁桥、拱桥、索桥和浮桥。梁桥，也称平桥、跨空梁桥，桥面平坦，并以桥墩立于水中来承托横架的桥梁。梁桥是中国桥梁史上出现最早的桥，也是应用最为普遍的一种桥；索桥，也称吊桥、悬索桥、绳桥，是用竹条、藤条、铁链等为骨干拼接悬吊起来的大桥；浮桥，也称浮航、舟桥等，多是一种临时搭建的渡河设石；拱桥，是中国古代桥梁中出现较晚的一种桥型，却是发展迅速、最富有生命力，拱桥的材料有木、石、砖等，其中以石拱桥最为常见，根据河的宽度不同，拱桥的拱有单拱、双拱和多拱之分，一般来说，在多拱桥中，处于最中间的拱洞最大，两边依次缩小。

在民间，石拱桥的桥孔绝大多数是单数的，为什么太平桥是双数的呢？原来，在太平桥所在的地方，有座木浮桥，始建于南宋端平元年（1234），由徽州郡守刘炳所建造，这座名为“庆丰桥”的木浮桥，不是毁于战乱，就是被洪水所冲坏，明代弘治年间，这里建起了石拱桥。据说，发起建造石桥的是位年轻丧偶的妇女，她的丈夫外出做生意时，不幸和木浮桥一起被洪水冲走了，她暗下决心，要积攒起钱财建造一座石桥，个人的力量还是太小了，在临终之际，她将自已一辈子的积蓄拿了出来，请求官府能在这里建一座稳固的石桥。她的义举感动了城里的百姓，大家纷纷集资出力，终于建成了这座太平桥。为了表达石桥发起人生前对乡亲们“成双成对，白头偕老”的良好祝愿，这座桥也就被建成了双数字的石拱桥。

走太平桥，过太平日子，是古往今来人们的共同心愿。或许，这也是桥名所寄寓的意思。

练江之水缓缓地从太平桥经过，流淌了两三里路，便到了惊涛拍岸的渔梁坝，古歙三桥中的另一座石桥，高大、宽阔的紫阳桥，就横跨在渔梁坝下游。紫阳桥始建于明万历年间，清末时进行了重修。

紫阳桥因地处紫阳山麓而得名，还被称为“寿民桥”。这座桥全长 140 米，八墩九孔，宽 10 米，高却有 14 米，是目前安徽境内最高的古石桥。紫阳桥一带风景优美，尤其是清晨，雾气飘逸着穿过桥洞，笼罩在古坝水埠的渔船上，好似片片白帆。紫阳桥的北端建在山崖上，崖壁陡峭，气势雄伟；桥南头，为紫阳山支脉龙井山，山上有禹王台旧址。朱熹的父亲朱松，曾在桥南这里结庐而居，朱熹从福建回来省亲，也在这里居住过。每天旭日未出时，紫气弥漫，山光朦胧，群峰默然对峙着，不远处，水声訇然。这一带，算是歙县县城边最好的地方了。明代程嘉燧有诗赞叹说：“禹庙渔梁口，浮舟落日过。瀑声冲峻壁，经影漾层河。楼煤青山廓，律亭锦树彼……”

由于紫阳桥涵洞宽、桥身高大，船只一般可以不落风帆地畅游而过。如今，站在高耸的紫阳桥上，向西北望去，但见濒江而建的古镇渔梁，屋楼瓦舍，鳞次栉比，烟树葱茏中，尽显婉约意境。

歙县的万年桥，位于扬之、布射、富资三水汇合处，在从前的日子，它是通往太平，抵达省府安庆的交通要道，如今仍是往来于歙县北乡的必由之路。桥东端原来有一块石碑坊，上面就刻着“北钥云龙”、“道岸津梁”的题额，可惜毁于清乾隆年间。

当年取名万年桥，大概就是希望这座桥万年巩固的意思。桥建成于明万历元年（1573），桥长 150 米，高 10 米，建有 9 孔。桥落成时，明代兵部左侍郎、歙县人汪道昆，曾赋诗一首：“使君遗泽五溪东，驱石桥成利涉功。地踞金汤三辅郡，天回砥柱万年同。参差石势疑乌鹊，缥缈江流见白虹。亭上至今留醉处，莲花面面似山公。”大桥全部采用大青石建成，石质优良，工艺考究，至今保存完好。

沿着新安江的支流富资水，走进葫芦状的歙县许村，迎面是一座30多米长的跨溪而建的古桥，在桥上，有遮蔽风雨的走廊。这就是许村著名的“高阳桥”。“高阳桥”的背后还有着一个故事，按《许氏族谱》记载，当年许姓是从河南高阳来到徽州的，为了告诫子孙，许氏村庄凡是有条件的，都要建一座这种廊桥结构的“高阳桥”。在同样为许姓村落的徽州区唐模村，也有这样的一座高阳桥；而且，在曾是徽商重要的侨寓地江苏宜兴，也有一座高阳桥，同样是廊桥。由此可以看出许氏家族的良苦用心。

歙县许村的高阳桥，是由宋末元初的处士许友山捐建的，一开始是石垛木桥，到了明弘治年间，改成了单墩双孔的石拱桥，以后重修时，在上面建了7间桥廊，分明间和次间，里面设置了木制的坐凳，因为时间长久的缘故，两侧的坐凳被摩挲得很光滑了；桥廊的中间顶部，彩绘了云龙飞凤的图案；桥廊两端，是阶梯形的三山封火墙。在清代，桥廊的明间南侧供奉了观音像和烧纸炉，人们既祈祷观音菩萨护佑廊桥永固，也希望能保一方平安。明间的北面墙上，开有圆形的漏窗，好让阳光能够洒进来。

许村村头的这座廊桥，现在主要供行人歇息。最初，它还有着风水方面的考虑。在过去，廊桥所在的地方，属于水口，水口是一个古村落的咽喉，所以水口的地方，往往建有标志性的建筑，比如桥，或者是塔，用来镇住象征生命、财富的水口的风气。

在歙县，类似许村这样的廊桥，还有10多座。歙县北岸村的廊桥，枕在棉溪河上，看上去比许村的高阳桥要大许多，它建于清代中叶，有11间廊屋。桥为2墩3孔，长33米，高6米，砖木结构。廊桥西侧曾设有佛龛，为了造成佛光效果，廊西墙开设了水磨砖漏窗，东墙

歙县许村廊桥外景

歙县许村廊桥内景

上开了各式各样的空窗，较大的明间开了圆窗，这样使得外面的光线，从各个方面投射到神像上了。

被宋代理学家朱熹誉为“江南第一村”的呈坎，水口上有座徽州最大的单孔石拱桥，名为隆兴桥，长45米，宽6米外。除了这座桥，始建于元代的环绣桥，也是一座简单的廊桥，上面的桥廊，比较简易，相当于一个供人休息的亭子。桥两岸，店铺众多，商业气息浓厚。由于桥对河两岸居民来说，是最方便的集合处，自古以来，设在桥头或桥上的“集市”，就容易形成了。北岸廊桥内就摆了不少摊点，成为了一条商业走廊。

北岸廊桥

曾属于徽州“一府六县”之一的婺源县，也有许多廊桥。婺源的廊桥，也非常有特色。曾是电视剧《聊斋》拍摄地的思溪村，有一座“活着的廊桥”。之所以称它为活着的廊桥，是因为这里的廊桥，完全成了村民们休息、娱乐的公共场所。思溪廊桥实质上是将亭子和桥结合起来的，不像许村的廊桥是封闭型的廊屋。思溪廊桥是两孔的木构架古桥，所用的木料大部分是原木，比较粗壮，又有些

呈坎古桥

年头了，桥身旁竖立着如来佛柱。廊桥连接着村南村北，村民们闲暇无事，就坐在上面聊天、打牌、嗑瓜子，或者闭目养神，悠闲而自在。

婺源县清华镇双河村的廊桥，更是别致，号称徽州最小的廊桥，长约 2 米，跨在双河上，连接着两户人家，所以也称之为家庭廊桥。廊桥里堆积着一些杂物，看起来破败不堪，但在来此写生的画家眼里，却是韵味悠长。

被誉为徽州最美的古廊桥，就是婺源清华镇的彩虹桥了，它是婺源的一个标志性景点，桥上设有神龛，供奉着大禹神像。徽州古桥多采用船形桥墩，可减少水流对桥体的冲击。彩虹桥的桥墩就是船形的，朝向婺水上游的一面，像船尖，俗称“燕嘴”；向着下游的一端就很平整，显得牢固。彩虹桥全长 140 米，五孔六墩，桥墩都是用长短

徽州最小的廊桥——婺源清华镇双河村廊桥

不一的条石砌成的，桥墩的间隔距离也不完全相等，据说在建造前，根据洪水主流量流经的位置，反复比对而确定的。每个桥墩上都建有一个亭子，每个亭子以及回廊，都是相对独立的，不会因为一处损坏而影响到整座桥的使用。

修建彩虹桥前后花了4年时间，竣工当日，彩虹挂空，所以就叫彩虹桥了。也有人说，彩虹桥的名字是取自唐诗中的，这唐诗写道：两岸夹明镜，双桥落彩虹。唐代这里就有木桥了，南宋年间改为了石墩木梁廊桥。所以，也不知道是桥入了唐诗，还是唐诗赋予了桥的美名。彩虹桥上曾有副嵌字联：清景明时彩画长辉唐旧邑，华装淡抹虹桥常映小西湖。清华镇和彩虹桥、小西湖的名字，都被巧妙地嵌进了上下联。

婺源彩虹桥

彩虹桥的上游不远处，有座形似笔架的五山峰，还有个名叫小西湖的景观。明嘉靖年间，徽派篆刻创始人何震，邀请自己的老师，当时的大书画家文征明的长子，也是吴派著名的篆刻家文彭，到婺源清华镇游玩。两人在彩虹桥边乘上竹筏，逆流而上，看见这里碧波潋滟，风光旖旎，情不自禁地赞叹道：此乃小西湖也！文人绣口一吐，小西湖由此而留名。

彩虹桥以水为脉，以山为背景，以村落为点缀，连同游人，一起融入画中。

位于新安江上游，丰乐河畔的西溪南村，有一座 10 多个桥孔的明代石拱桥，桥两边挂满了绿色的藤蔓。当年，慕名来访的大书画家董其昌，就是从这座桥上走过的，他径直往西溪南村的“余清斋”主吴廷家走去，吴廷是富商，好书画收藏，精于鉴赏，董其昌是来欣赏吴廷的宝藏的。不仅仅是董其昌，陈继儒、杨明时、吴国逊等名流，都曾是他的座上客。

还是在新安江的上游，横江边的一个古镇万安，陶行知的外公、外婆曾住在万安的涨山铺，7 到 14 岁时，陶行知一直在这里读书。万安的水蓝桥，同西溪南村的古桥一样，毫无雕饰，就是这样平平常常的一座石桥，曾经见证了陶行知出发的身影。17 岁那年，陶行知要负笈到杭州学医，走下水蓝桥的他，回身张望了一下不断挥手的父亲，独自一人迈过桥下的水埠，登上了扬帆的船只。刻苦求学的他，日后成为了一位伟大的平民教育家。

徽州的古桥，平淡而神奇，一座座都负载了曾经的梦想和辉煌。

离万安古镇不远的休宁县，有一座以丹霞地貌闻名于世的齐云山。位于齐云山下岩前镇的横江上的登封桥，是登临齐云山的必经之处。

俯瞰休宁齐云山登封桥

建于明万历年间的登封古桥，全长 180 米，八孔九墩，桥面平铺条石，两边立有将近 1 米高的栏杆。兴建之初，徽州知府古之贤，亲自来休宁督察，对工程要求极严，凡“材必中度，工必中程”。登封桥在徽州一直有比较大的名气，曾任明兵部左侍郎的歙县人汪道昆曾专门撰写一篇长长的《登封桥记》，记述了桥的建造经过。后来，登封桥又经几次修葺。最后一次大修，是在清乾隆五十三年（1788），当地人采用了上等石料，历经 4 年完工。历经两个多世纪的风雨洗礼，至今还完好无损。

站在登封桥上，远眺齐云山，但见群峰林立，山披翠微，云蒸雾绕。古代的大旅行家徐霞客，就是沿登封桥这条老路攀上齐云山的。徐霞客第一次游览齐云山是明万历丙辰年（1616）正月，那时，徐霞客刚刚游罢浙江的天台和雁荡，到了徽州后，先是爬了黄山，然后马不停蹄地赶到休宁。两年后，他又找了一个机会重游齐云山。

到了1934年，郁达夫上齐云山还是走登封桥这条路。当年的4月3日，郁达夫与数日前同来的林语堂、潘光旦等四人分手后，自己同另外四人踏上了登封桥，开始攀登齐云山。

在横江和率水汇合的屯溪，古老的屯溪大桥，固若金汤，桥下河水汤汤，这也是徽州有名的一景。屯溪大桥，又叫老大桥、镇海桥，始建于明嘉靖年间，距今已有470多年的历史了。大桥为六墩七孔石拱桥，长133米，宽6米，高10米，桥孔跨度13～15米不等，大桥旧时为进出屯溪的门户，现为通往机场、西郊和江西婺源的重要通道。

屯溪大桥边有一面石壁，上面镌刻着节选的朱彝尊的《屯溪桥记》，这篇文章记述了古桥的由来。在水边的台基上，立有一块碑，上面镌刻着1934年郁达夫来屯溪时所写的一首诗："新安江水碧悠悠，两岸人家散若舟。几夜屯溪桥下梦，断肠春色似扬州。"风流才子郁达夫白天在徽州游山玩水，夜宿于屯溪老桥下的船舱中。他大概有徽州的山水美景，想到了杜牧笔下的扬州，想到了二十四桥的明月，以及桥上教吹箫的玉人。

"东西南北桥相望，水道脉分棹麟次。"历史上，徽州的古桥为数众多，单单歙县，在清末时尚有441座，占整个徽州地区总桥数的四分之一还多，祁门县现在保留下来的古桥有82座，婺源竟还有320座。目前，徽州现存的有名的古桥就有120多座，其中大部分是文物保护单位。可以想象的是，当年徽州桥影柔波，竹木环合，一派桃花源景色，江南水乡的气韵，恣意洇散。

当年发达的徽商，回来后，总是要购田置业，建屋修桥。桥，在他们的心目中太重要了：桥，就是登云梯，就是飞腾所需的翅膀；桥，连接着梦想、财富，连接

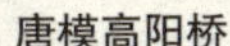

唐模高阳桥

着大千世界。在徽州区的唐模村，清初时唐模村的一位许姓徽商，为了让老母亲足不出户就欣赏到西湖一样的美景，就在唐模村的水口，建起了有“小西湖”之称的檀干园，檀干园最令人称绝的地方，就是园内“十桥九貌”的桥群了。清澈美丽的檀干溪，自西向东将唐模村分成南北两片，架在溪流上的 10 座古桥，又把被分割的南北两半连成了一个整体。檀干园内的这些古桥，规模比较短小，但式样座座不同，所以有“十桥九貌”之称。

称为“石头桥”的第一座桥，没有桥墩，是由 3 块等长的青色茶石架成的，桥南原来有一个大型的拱门，进入拱门，就算进入村庄了，过去村民们迎宾送客、送丧接嫁、耍灯舞龙，都是以这座桥为界的；

黟县渔梁古桥

称之为“戏坦桥”的，是第三座桥，桥北原有一个大广场，旧时秋后或者年边，常在这里搭台唱戏，看的人多，村民们就在桥边放置大量的桥板，防止看的人不慎落入水中；有着两个桥墩的第五座桥，名为“五福桥”，桥北有“五福庙”，五福桥与檀干园大门遥遥相对，有着五福捧寿的含义；第十座桥，因为桥身状如蜈蚣，而称之为蜈蚣桥。桥头有一棵百年的古樟树，枝繁叶茂，将古桥隐在了树下。可惜的是，这些桥多数已不存在了。

在黟县屏山村，也有着群桥耸立的景观。屏山村是著名电影演员舒绣文的故里。从黟县屏山村流过的吉阳溪是横江的另外一条支流，吉阳溪从村中流过，呈现出“S”形，村落散落在河水的两边。明代成化年间，为了方便溪流两岸住户往来，村民就在溪流上建起了8座石拱桥，俗称“长宁八桥”。屏山村水边的石阶不时传来村妇浣洗的棒槌声，各具特色的石桥横跨溪上，这样的情景，真是名副其实的“小桥流水人家”。

依山傍水的黟县南屏村，有一座长40米的三孔石拱桥，横卧在武陵溪上，桥上有石柱、石栏，桥额为斗大楷书“万松桥”三字石刻，据说出自桐城派文人姚鼐手笔。走过万松桥，迎面是雷祖殿、文昌阁和万松亭等建筑，再往后面就是万松林，有上百棵古木参天而立。

在绩溪有一座名叫“来苏桥”的古代石拱桥，与宋代文学家苏辙

通济桥

有关。苏辙因兄苏轼卷入“乌台诗案”而受牵连，被贬到绩溪任县令。苏辙到任之日，县内士大夫纷纷迎于城西潭石头渡口，后来当地人在此建桥，取名为“来苏桥”，以示纪念。

徽州现存最古老的桥，要算婺源李坑村的中书桥了，它建于北宋年间，一开始是木桥，在北宋大观三年(1109)，由村中的中书舍人李侃捐资建成了单孔的砖桥，桥长4米，宽2.5米，高3米。

在祁门秀丽的阊江上，有一对姊妹桥，也引人注目，这就是建于明代的平政桥和仁济桥，通称为“阊江双虹”，也称“双桥夜月”，两桥相距半里长，均为五孔，都是用紫砂石砌成的，造型结构相近，在清代曾多次被洪水冲坏，屡坏屡修，规制不变。

曾属于徽州的旌德，有一座古桥，名叫新桥，在胡适的日记中出

休宁拱北廊桥

现过。胡适 14 岁离开绩溪上庄去上海时，曾在新桥住了一晚，胡适匆匆地在日记当中写了一句“宿新桥”，便笔尖一转，移到他处了。想必胡适当年是从上庄走到新桥的，在驿站新桥住了一晚之后，便又步行到泾县，从泾县乘船去芜湖，再转到上海。

不知当年的新桥给了胡适怎样的印象。这里实际上是一个典型的徽州小山村，依山面水，它坐落在徽水河畔，背靠高高的牛山。徽水河上，横跨着一座漂亮而精致的石拱桥，那就是新桥。新桥始建于清朝顺治年间。如今，桥的两边，有着窄窄的小街，小街的两边是简朴的徽州民宅，青石板铺就的路总是干干净净的。而离桥不远处，曾有一个油坊，黑咕隆咚，里面一直有水碓在转动，声音绵长而幽远……对于生长在徽州的人来说，记忆里都会有一座“新桥”；而这样的“新桥”，遍布徽州各地。

古
塔
Faxian huizhou jianzhu

碧山古塔

古塔

十五　摩天宝塔

在扬州瘦西湖畔，有一座美丽的白塔，传说这白塔，是扬州的徽商江春一夜之间造出来的：清乾隆年间，皇帝又一次到江南来巡视了。江南美景让皇帝和一帮大臣惊叹不已，兴致勃勃，当泛舟瘦西湖时，船悠悠地晃到了五亭桥畔，乾隆忽然对身边的陪同人员说："这里多像京城北海的琼岛春阴啊，只可惜差一座白塔。"皇帝触景生情，不过随口一说而已，没想到第二天清晨，他在驻跸地开轩一看，就见五亭桥旁，耸立着一座白塔，一开始以为眼花呢，再细瞧瞧，可不是塔吗?！乾隆连忙询问身边的侍从，这是怎么一回事，身旁的太监连忙跪奏道："是扬州的盐商大贾，为弥补圣上游瘦西湖之憾，连夜赶造的。"乾隆听罢，不无感慨地说："人道扬州盐商富甲天下，果然名不虚传呀。"

这个有名的"一夜造白塔"的故事，一直流传至今。

传说比较离谱的是，扬州八大盐商之一的江春，用万金贿赂乾隆身边的侍从，请他们将京城北海的白塔式样画成图，然后依照图纸，一夜之间，用盐包堆起来作为塔的基础，以纸扎作为塔身。也就是说，江春就这样糊弄了乾隆皇帝。

据《扬州画舫录》记载，瘦西湖白塔"仿京师万岁山塔式"，实际

上，瘦西湖的白塔要比京城的白塔矮，尽管这样，瘦西湖的白塔还是将近有 30 米高。这么高的白塔，要想一夜之间堆出来，谈何容易！

传说归传说，当年扬州的盐商，称富天下，其中多是徽商，来自徽州的许多商人在这里长袖善舞，经略盐务。江春是歙县江村人，他的祖辈很早就到扬州来经商了，江春的父亲曾是两淮盐区总商之一，之后江春承袭了父亲的一职，乾隆皇帝 6 次下江南，江春都参与了迎驾，并且安排游玩活动，乾隆还几次欣赏江春的私人宅院，赐名题诗。至于瘦西湖的白塔，江春大概是参与了建造和修缮吧。

相比较瘦西湖的白塔，在徽州，那些矗立的摩天宝塔，设计得更为精心。富起来的徽商，在回到生养的故土后，往往热心于捐资修桥铺路，建筑书院、义馆、佛寺、道观、宝塔等。秀丽的新安山水中，就有了座座“七级浮屠”。这些与山水融为一体的宝塔，仿佛是徽州连天接地的支柱。

就建筑而言，徽州古塔的形式多为楼阁式，采用石料，或者是砖石木混合使用，塔的构造由下自上分别为地宫、塔基、塔身、塔刹，塔身外观一般为五层或者七层，塔内有实心和中空两种，在中空塔里面，又分一空到顶、石阶盘旋到顶、分层达顶三类。

源于佛教的塔，本来是佛教高僧的埋骨建筑，在徽州，许多塔的意义，已经远远超出了这个范畴，承载更加丰富的意蕴。

高 66 米的徽州区岩寺文峰塔，是现存的徽州古塔中最高的。岩寺文峰塔又叫水口塔，它坐落在岩寺镇北郊的丰乐河畔。按民间风水堪舆的说法，丰乐溪水向东而去，必须在这里建造宝塔，才能镇住水口，保一方气数。

有意思的是，在建造宝塔时，建造者似乎充分考虑到了地形特点，在塔的南侧同时建造了一座道家供奉的场所“凤山台”，这样的设计建造后，塔就像一支巨笔，凤山台好似一方歙砚，位于塔的西面、横跨丰乐河的余公桥，就是一块徽墨，而附近的田畴相当于一张张宣纸了。

岩寺的文峰塔，似乎真的就起到了振兴文脉的作用。岩寺镇的文运开始昌盛起来，历史上，从这里走出了许多文人、显要，岩寺至今还流传着“书声喧两市，一镇四状元”的佳话。

当初，岩寺文峰塔的建造，是花了很大一番工夫的。明嘉靖二十三年（1544），正德甲戌进士、曾官至贵州右参政的岩寺人郑双溪发起建造这座塔，从设计到竣工，花了整整15年时间！可以想象建造此塔的艰辛了。文峰塔共花费白银4万多两，没有众多徽商、乡绅的捐款，没有一定的毅力，层层建设的岩寺文峰塔，恐怕也会中途而废。为了让后人铭记每一层由哪些人捐献的，当时这些捐献者的名字被全部铭刻于碑。

为达到顶级的工艺水平，来自苏州、无锡等地的有名的建筑师，被请到了岩寺；岩寺文峰塔所需的建筑材料，由外地采购，近自杭州，远涉四川。单单刹柱一项，工匠们走遍了歙县的崇山峻岭，也没有找到合适的木材，然后，他们又奔

岩寺塔

波到休宁、黟县，后来，终于在黟县渔亭的大圣山中，找到了一株树，树干高13丈，可以用来建塔。这棵树木被砍倒后，无法运出，一直等到河道春汛时才开始流放于水中，然后经过弯弯曲曲的河流，百余里的路程，一直到3年后才运到岩寺！为了铸造塔顶的葫芦宝瓶，捐款的一些徽商们，还带着工匠搜集了当时绍兴大禅寺塔、南京报恩寺塔、泗州塔的样式，博采众长，使得文峰塔的塔顶构造非常坚固，也显得大方、美观。

文峰塔七层八面，底径逐层略微内收，挑檐逐层外延，这样在雨天的时候，上层檐水会直接滴到地面上，避免了各层塔檐被积水剥蚀。这是徽州古塔中设计比较独特的。

据岩寺一带的老人们说，从前，每逢农历二月初二，四乡八村的人们，都有游塔的风俗，他们三三两两来到这里，拾级而上。站在文峰塔上，人们可以远眺黄山烟云，近瞰古镇全貌。白天游人川流不息，到了晚上，点燃塔灯，从最高层连珠下垂，五彩缤纷，光亮照人。每逢游塔盛会，塔四周就像北京"天桥"一样热闹，有说书的、玩杂耍的、变戏法的、卖药的、摆摊的，五花八门。

祁门县也有座文峰塔，这座塔建在城南的凤凰山上，是明万历年间祁门知县李希泌倡建的。塔体呈六边形，五层砖石结构，高33.5米，底层直径7.3米，里面有石阶盘旋而上，塔顶是铁制宝葫芦，塔檐悬有风铃。登上文峰塔，祁城山光水色，尽收眼底，古人称为"塔峦高眺"，是梅城十二景之一。清同治年间，祁门县学教谕梅雍在《梅城十二景》诗中写道："掌翻二水低浮渌，眼瞥千峰送远青。"旧时，塔下有凤凰泉、寄山楼、周灵王庙等楼阁亭榭，后来被拆毁了。

位于休宁凫峰乡赤桥村的东皋塔，又名赤桥塔，建于明嘉庆年间，是祁门县现存最高的古塔，原塔初建为五层，明万历间增建为七层，底层直径7米，高43米，六边形砖木结构。底层一面有门，入门就看到一个佛龛，龛后有石阶贴壁盘旋而上，塔顶为生铁铸成的葫芦形塔刹，二至七层四面都有开窗，站在塔上面，附近的山岭、田畴、河流、村舍，一览无余。

位于祁门县塔下村的伟溪塔，是现存的徽州古塔中历史最悠久的。这座塔始建于北宋元祐八年（1093），明嘉靖年间进行了重修，塔是以青砖垒砌的，六边五层，平面底层内径 5.66 米，高 23.1 米，塔内中空，每层六面都有券门、佛龛，塔顶用石块砌成六边形塔刹，塔层之间有砖檐，间以四层菱角犬牙。塔身内外镶嵌了 400 多块浮雕佛像砖，每块砖上都雕刻了 3 尊佛像，一尊居中，方面大耳，面相端正，上体半袒，肌肤丰腴，双手合十，趺坐莲台，台下有须弥座，两侧各立佛一尊，形体较小，三佛背后都衬以佛光。

祁门县柏溪乡有个白塔村，村子里也确实有座塔，但这塔并非白色的。为什么叫白塔呢？关于这个名字的由来，还有个故事。据说，白塔村原来叫塔峰村，村子的山场与柏溪村相连，对于塔峰村的这块大山场，柏溪村的程氏觊觎已久，一直想找个机会侵占，不过顾及到塔峰村人多势众，他们也就暂时没下手。终于有一天，柏溪村的程氏想到了一个办法，他们连夜用砖砌起了一座砖塔。为了不留下蛛丝马迹，他们所用的材料全部是备好的，没有在塔峰村的山场砍一棵树，悄悄地将塔建好后，将泥沙、石灰收拾得干干净净，还用布遮上了砖塔，总之做到无懈可击，不让塔峰村找到破绽。

柏溪人建好了塔，不多久就信心十足地找塔峰村人理论，说山场原本就是属于柏溪的，塔峰村人当然不干，双方争执不下，只好诉至公堂，打官司是要讲凭据的，县官惊堂木一拍，问到塔峰人有什么依据，塔峰人说是祖产，从古至今这山场就属于他们的，不过却拿不出什么地契之类的，柏溪人的理由倒显得充分，山场是以岭为界，以塔为证的，当初立塔的目的就是怕日后产生纠纷。塔峰人不信有什么塔，与县官一起到了现场，一看，还真是有塔耸立在山岭上，哑巴吃黄连——有苦说不出，只好自认倒霉。塔峰人败了官司，还被人讥笑说“塔峰不知卯”，意思是说天亮了，塔峰人被别人捉弄了还不明白。从此，塔峰村也就被人叫做“白塔”村，白塔谐音“白搭”，是说塔峰人白搭了一块山场。

民间的传说总是望风捕影，虚的多，实的少。祁门县白塔村的塔,曾遭到雷击,坍塌后,如今只剩下塔基和一堆砖块。关于白塔村的真正来历,也许永远是个谜了。

过去,人们常说"宝塔镇河妖",说的其实就是风水塔,明清时期徽州所建的宝塔,基本上属于此类。按照民间风水的说法,文峰塔也应该归入风水塔之类。略有不同的是,文峰塔强调的是能使一方文运昌盛, 一般意义上所指的风水塔,主要是指所谓镇妖压邪的宝塔,以弥补山川地形的缺憾。这样的塔,在徽州还遗留着不少。休宁县万寿山的古城塔、黟县孙村旋溪河畔的旋溪塔、婺源县北凤山村旁的龙天塔,当初建造时都是从镇妖避邪的角度考虑的。

休宁县现存有 7 座宝塔,是目前保存徽州古塔最多的地方,在县城边,就有 4 座宝塔拔地而起,分别是玉几山上的巽峰塔、汶溪河畔的丁峰塔、万寿山上的古城塔,以及南门外的富琅塔。

休宁县的玉几山,正当于休宁、婺源古道要津之处,是休宁县城南的门户。因为风水先生说玉几山矮小,不足以为屏障,必须要建宝塔"镇河妖避邪风",明嘉靖二十七年(1548),知县宋国华发动百姓,在玉几山东西两侧堆起了巽峰、丁峰两座人工山,4 年后,两座人工山上分别建成了巽峰塔、丁峰塔。其中,巽峰塔为楼阁式砖塔,塔形六角七层,高约 35 米,每层有四个拱门,塔内有 168 级螺旋形梯道,直通顶层,塔内还有以佛教为题材的壁画,虽然年代久远了,壁画的线条还清晰可辨。

休宁县万寿山,又叫古城岩,过去是休宁县的水口和名胜之处,为了增加气势,镇妖避邪,在明代,万寿山上就建起了一座宝塔,就是古城塔,这是座楼阁式砖塔,六角七层,底层以红麻石为基,基围 21.3 米,高约 29.6 米,底边宽约 1.4 米,底层有两个塔门,其余各层只有一个拱门,塔内全空到顶,内空直径 3.7 米,翘角挑檐,镂有花草与波浪图案,塔刹为生铁铸成,重达 2400 公斤,一直向

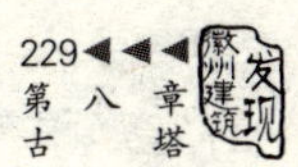

休宁古城岩宝塔

东南倾斜，1958 年坠落了。如今，在晴天的早晨，当一轮红日冉冉升起时，远山近水，塔影碧波，一片金光，煞是壮美。

辛峰塔位于休宁县榆柯乡西山上，是明万历年当地人、时任光禄寺署丞程爵个人出资建造的。塔为楼阁式，砖质，六角七层，高约 36 米，每层都有四个拱门，塔内有 219 级螺旋形梯道，直达顶层，塔顶有铁铸塔刹。塔门洞两侧墙上置有佛龛，塔内原有砖雕佛像 529 尊，现

在仅存三分之一左右，佛像造型生动，神态逼真，是徽派砖雕艺术中的杰作。

休宁县齐云山西端白云岩附近的一座墓塔，是目前徽州仅存的3座石塔之一。这座墓塔始建于宋代，是存放齐云山上与道教并存共荣的佛教僧尼骨灰或者是尸骨的场所。墓塔以红砂石砌筑的，七层八角，高3.3米，直径2.4米，塔内用石灰填实，塔门向北，塔顶两块大小圆石叠成了宝葫芦状。

徽州的另一座石塔，也是现存徽州最小的塔，就是歙县的新州石塔，这是一座乡民为祈求子嗣而捐资建造的佛塔，整座石塔没有任何花纹图案装饰，显得简洁明了，庄重古朴，是全省境内古塔的佼佼者，1956年就列为安徽省重点文物保护单位。新州石塔建于南宋建炎三年（1129），又叫大圣菩萨宝塔。这座塔位于歙县西北郊的新州，北宋宣和三年（1121），歙州改为徽州，曾一度迁州治于此，所以称为“新州”。新州石塔保留有唐塔的遗风，所以不尚装饰，追求简练而明确的线条、稳定而端庄的轮廓。新州石塔是用赭色麻石砌成的，与楼阁式砖结构不同的是，这座塔为重楼式石结构，塔高4.6米，五层八面，每层高度不同，棱形挠檐。第二层有个香火大炉窟，第三层左右两侧镌刻有斗大“佛”字，正面刻有南宋建炎年间建塔和明嘉靖年间重修的铭记，第四层八面都是“如来神位”字样，第五层发券内为如来佛像浮雕。新州石塔小巧别致，堪称玲珑宝塔。

在旌德县遗存的五座古塔中，有3座宝塔，也是十分的小巧玲珑，这几座宝塔上下高度都在一二十米左右。位于旌德县洪川村洪溪河畔的洪源塔，建于明嘉靖四十二年（1563），塔为3层八角形，楼阁式砖塔，高约22米，塔基为正八边形，边长3.6米。底层设有石制供桌，四周墙上平均分布着24尊砖雕佛像，夹墙内置有砖阶，可通达第二层，第二层砌有走廊，护以栏杆。塔东面开有一拱形门洞，可以出入。东面第一层和第二层门首刻匾额“彩彻云衢”、“凭栏遥瞩”

二块，南面第二层门首刻有“斗耀文奎”四字。

古塔一般为五层或者七层，也有的是十三层，奇数居多，歙县的小溪塔却是偶数的，建造了四层。为什么只造了四层呢？小溪塔在歙县的小溪村西头，建于明嘉靖年间，高约 20 米，据说原先计划是造七层，因为施工不当，只好建了四层，还好古人比较谨慎，不然就成了“豆腐渣工程”。

在中国古代，塔和寺密不可分。早期以塔为主的寺院，布置方式是前塔后殿。唐初以后，殿堂成为寺院中心，佛塔退居寺后或者一侧。歙县城西练江南岸西干山上，原来坐落着 10 座寺庙，气势不凡。其中，长庆寺旁就建有一座宝塔，名为长庆寺塔，又叫“十寺塔”。长庆寺塔建于宋宣和元年(1119)，如今包括长庆寺在内的 10 座寺庙都毁掉了，只有塔经受着风雨还遗存了下来，这座塔历代也都有修葺。

长庆寺塔为楼阁式，实心方形，高 23 米，底层平面每边长 5.28 米，须弥座五层，束腰高 66 厘米，有间柱、角柱，塔身为砖砌，第一层较高，自下而上递减。底层有木廊，石檐柱间宽 4.33 米，四面辟有券门，门内置有石雕莲瓣佛座。第二层以上墙面中间都隐出窗券，各隅砌出半隐半露的方形角倚柱，墙面绘彩色佛像图案。每层檐口用砖叠涩挑出，间以五层斜角牙子，叠涩砖上为木构腰檐，复以筒板瓦。飞檐翼角下，悬有铁制风铃，风起叮当作响，清新悦耳，别有情趣。

为了发挥塔的登高观景作用，古代造塔工匠们对塔的结构作了许多改进。比如把塔内的楼层、楼梯尽量修造得便于攀登和伫立，门窗尽量开得宽敞些，特别是每个楼层，使用平座挑出塔身之外，形成周绕回廊。在这方面，长庆寺塔可以说是做得比较讲究的。自明代以来，文人雅士游历歙县时，常以长庆寺塔为会聚之地。

位于黟县碧山镇的云门塔，是徽州现存唯一的一座筒形楼阁式砖体木檐结构古塔。云门塔建于清乾隆四十七年(1782)，塔身五层，高 36.4 米，塔平面为六角形制，底部为六角形台阶，每边长 5.2 米。塔身六角形每边长 2.4 米，墙厚 1.2 米，砖砌斗拱，飞檐翘角，檐下饰以砖雕。塔身内部为空心式，有折转攀登的阶梯，梯宽 0.5 米，塔身各层都有门窗，既采光通风，又可让游人远眺风景。塔刹下

有复钵、圆光、承露盘、相轮、宝盖等，总共高有6.4米，相叠相缀，庄重宏伟。

有着“潜口锥”之称的潜口古塔，坐落在徽州区潜口村水口要处，是潜口水口建筑群落中唯一幸存的古塔，塔的左侧有万贯山，右侧有络狮山，素来是进出黄山的必经之处。潜口古塔又叫翼峰塔，建于明嘉靖二十三年(1544)，塔七层八角，高约60米，底层直径10.4米，往上层层缩小，到顶层直径7.2米，外观形如立锥，所以称为“潜口锥”。

潜口古塔的塔身，不似同处于徽州区的岩寺文峰塔那么修长，而是敦厚有力，塔内两层为空心，第一层四面砌须弥座，墙上绘有佛像，第二层壁间嵌砖雕楣匾，内镌楷书“翼峰”两个大字，旁边署有“嘉靖二十三年甲辰岁，竹溪翁汪道植谨立”等字样，据考证，汪道植是明代潜口汪氏87代世裔。塔内其余五层为实心，塔檐和铁制塔顶都早已毁坏了。塔内只有一、二、六、七这四层可落脚观景，其余都是石梯，石梯自底层西门夹壁中绕塔而上。全塔都是砖制的，每块砖都有阴雕“竹溪建立塔”、“大明甲辰造”字样。

抗战期间，国民党陆军23集团军总司令唐式遵担心塔的目标太大，会引起日军的注意，曾在塔底层打炮眼，准备炸毁，后来徽州名士许承尧、王允孝加以劝留，潜口古塔才得以保全。如今，每当夕阳斜照时，山影重重，塔光幽幽，成了一道美丽的风景线。

千仞宝塔，摩天齐云。多少年来，徽州的古塔，历经风吹雨打，战乱人祸，一如往昔耸立着。它们的存在，本身就是一种奇迹；它们以挺立的姿态，无言地传递着岁月的声音，同时，它们也像一杆杆标尺，为那些陌生的人们指引着方向，让他们深入徽州的内部，追寻一个个古老的故事。

古
亭
Faxian huizhou jianzhu

雄村竹山书院中的八角亭

第九章　古亭

十六　玲珑古亭

1999年，在云南举办的“世博园”上，来自世界各地的人们欣赏到了一座式样独特的“绿绕亭”，这座亭子就是按0.8：1的比例，仿制黄山市徽州区西溪南村的绿绕亭。

绿绕亭是一处全国重点文物保护单位，名字取自宋朝王安石的一句诗“一水护田将绿绕”。据记载，绿绕亭是由当地的名门望族吴家子弟吴起隆建造的，这座亭子始建于南宋，重建于明景泰七年(1456)，清嘉庆八年(1803)、咸丰元年(1851)、光绪十一年(1885)都分别进行了修葺。

绿绕亭设在路边，造型独特，亭平面近正方形，通面阔4米，进深4.36米，高5.9米。绿绕亭的梁架结构采用穿斗式，牢靠稳固。月梁上绘有包袱绵彩绘图案，设色沉着，典雅工丽，有着元代彩绘遗韵，十分少见。亭子的梁枋上，刻有题款：“景泰七年岁次丙子十一月十八日甲申吉辰，重建绿绕亭，以便休恿。吴斯和乐建。”亭内南北两侧安置的椅子，被称为“飞来椅”，供人凭靠休息。从功用上看，它就是村子里的路亭。亭南面，有一条清溪环绕而过；亭北边，紧挨着的是一方荷花塘，再向前走不多远，就是有名的古建筑“老屋阁”。坐在亭中，休憩观赏两相宜，可以近观繁茂的场圃，远眺绿茵的田畴。明代

江南四大才子、著名书画家祝枝山看到绿绕亭周边的美景后，专门作了《东畴绿绕》一诗，诗中写道：“五两细风摇翠练，一犁甘雨展青罗。鱼鳞强伏轻围径，燕尾逶迤不作波。”祝枝山所描绘的，是一幅绿意盎然、生机勃勃的田园风光，如画一样展现在人们的面前。

如今，绿绕亭所在的西溪南村，已经开发有“金瓶梅”遗址公园，绿绕亭等古建筑，也为这个争议性很大的公园，增添了历史的厚重感。

在我国古代建筑中，“亭”出现得较早。在秦汉之际，有“十里一亭”、“十亭一关”的现象。当时还有用于军事上的

全国重点文物保护单位——西溪南村绿绕亭

发现
徽州建筑

亭子，称为“亭障”，汉高祖刘邦曾做过“亭长”。那时的亭子体量大，而且多成群组。汉代以前的亭子，多带有标志性作用，根据其功能和位置划分，大致有四种，即城中亭、驿站亭、行政治所亭、边防报警亭。魏晋以后，随着园林的发展，亭的性质发生了较大的变化，出现了供人游赏的小亭，可在亭中赏景，本身也是一景，亭类建筑越来越多，有园亭、路亭、景观亭、流杯亭、自凉亭等，就功能而言，多供人休息、赏景之用，所以古代有“亭者，停也。人所停集也”的说法。古代园林中多设亭，能起到画龙点睛的作用。在形式上，《园冶》中说，亭“造式无定，自三角、四角、五角、梅花、六角、横圭、八角到十字，随意合宜则制，惟地图可略式也”。也就是说，形式多样的亭子，以因地制宜为原则，只要平面确定，其形式便基本确定了。

从景观的构成来看，绿绕亭属于景观亭一类。徽州古亭中，尤其以景观亭居多。这类亭，是风景名胜中的主体观赏对象，或者是充当次要的附属景观。歙县雄村的八角亭、许村的大观亭，休宁齐云山香炉峰巅的香炉亭，绩溪的化龙亭……它们都属于景观亭。

在徽州区唐模村的东头，也是水口要处，矗立着一座用青石构筑的八角亭，八角亭形制非常优美，分上中下三层，中空，上有回廊，八角亭的下层平面基本为正方形，边长 6.1 米；二、三层为虚阁。地层外延 12 根方形石柱，中间有 17.5 平方米的休息室，四边各开有一门。屋面三层檐，歇山顶，飞檐翘角。从不同角度看，这个亭子的每个平面都是八角，所以称为“八角亭”。

唐模许氏一族将亭子建在村子的水口，是从风水角度出发的。民间风水理论认为，在水口建亭子，能够聚拢风气，使得一方地灵人杰。徽州呈坎古村水口上的魁星阁、休宁古林村水口上的古亭，等等，都和唐模村的这个八角亭一样，是一种镇风水的标志性建筑。

作为水口建筑的一部分，唐模村的八角亭也就没有设置上楼的楼梯，自然也就不允许人们攀高游玩。八角亭上面有两块匾额，东面

唐模村村口老槐树

题的是“沙堤”，西面则是“云路”二字。从唐模东向进村的时候，走在路上的人们就可以看见“沙堤”二字；出村时，亭子西面的“云路”二字，也就跃入人们的眼帘。这样的设计，是有着很深的用意的。在古代，唐模村有许多人在外经商、为官，逢年过节大多会衣锦还乡，为了表示欢迎之意，村里人往往在这座亭前的路上，铺上一层黄沙，相当于现在的一些社交场合铺设的红地毯。因为这条路在溪堤上，所以名叫“沙堤”，临溪栽有许多樟树，保留下来的古樟树也都有几百年了，也因为林阴满地的沙堤，唐模村的八角亭，又叫沙堤亭。当回来的官员或者商贾住了些日子后，又将离开故土时，从村子里走出的他们，一抬头，就能看见亭子上的“云路”匾额，心中渐渐涌起了豪情。所谓“云路”，寄托了乡亲们的深情厚望，他们希望这些在外的游子能够平步青云，步步高升。当人们走出沙堤亭，踏上的是一条青石板路，这条路采用的是上乘石料“茶园石”铺成

的。沿着沙堤，一直到村西头的主街，全是这种石料铺的路，共有3360块，1年365天，10年大约3650天，石块数量和天数差不多，这大概也隐含着唐模村读书人“十年寒窗，一朝中榜”的意思吧。

从八角亭往里走，过了“同胞翰林”牌坊，便是唐模村的檀干园入口，这里原来有座名为“响松亭”的凉亭，藏于松林之中，清风吹来时，松涛阵阵。亭的石柱上，清末秀才许霁峰撰书的一副楹联非常有韵味，楹联是这样写的：此一带远近村居旧称丰乐，有六朝烟水气味可与游观。

檀干园的中心景点，就是四周临水的镜亭。镜亭是因为湖水光平如镜而得名，镜亭的门首悬有“珠液”横匾。亭外是石砌的平台，门内有曲廊，通过回廊就到了亭子的中间。镜亭有6个翘角，支撑亭子的有16根石柱，石柱上接短木桩，上部用梁枋拉接，上承檩条、老檐椽和望板，盖小青瓦，四面飞椽，并有翼角起翘。亭四面都有回廊，三面设置美人靠和栏杆。亭子的正面明间为槅扇门，上方挂的是“镜亭”牌匾。非常珍贵的是，亭内四周墙壁上镶嵌有古代书法名家的碑刻18方，包括朱熹、苏轼、米芾、蔡襄、黄庭坚、董其昌、倪元璐、文征明、祝枝山等人的书法作品。碑刻书法各具特色，朱书古朴苍劲，苏书笔力

唐模村村口古亭

豪放，黄书纵横奇谲，米书飘洒婉丽，蔡书淳淡清美，祝书遒劲跌宕，镜亭成了人们学习、鉴赏书法的一大胜地了。

檀干园的镜亭，是徽州为数不多的碑亭。碑亭专为置放功德碑或者名人书法石刻的，供后人学习鉴赏。当然，镜亭也是属于水口亭，与唐模村水乳交融在一起。

在镜亭以东的内湖上，建有一座顶似斗笠的笠亭，也是四面环水。同样位于内湖堤岸的环中亭，造型比较别致，是双菱连环的形状。在灵官桥南，有一座大树亭，亭前曾有两块碑刻，分别为徽州名士许承尧和国民党将领唐式遵所题刻，可惜如今都不存在了。由于檀干园是仿西湖而建的，里面的亭桥建筑也就比较多些。唐模村的水口古亭以及相关建筑的设计，可谓风华绝代，独一无二，这也反映出当时唐模村的富足和兴旺。

歙县雄村是一个有名的古村落，风景优美，人文荟萃，曾经让清代诗人袁枚、书法家邓石如慕名往访。当代游子曹元宇的《题雄村图》通过对乡土故园的生动描绘寄寓了款款深情：

练江蜿蜒村前绕，上接岑山下义城。
竹为饰山疏更密，云因护阁散还生。
祠旁照眼千桃好，厅外娱心八桂明。
八十年前儿戏地，一花一木总牵情。

诗中的“竹为饰山”是对周围景色的描写，也是指聚居这里的曹氏家族会文讲学的场所——竹山书院。其中，“云因护阁”是指竹山书院里的“文昌阁”。文昌阁筑于高台之上，平面呈八角形，所以也被称为“八角亭”，八角亭设“攒尖顶”，用纯锡铸造而成，为银白色，高出村里所有的屋舍，据说这寄托了曹氏家族的殷切希望，希望在文曲星的高照与护佑下，曹氏族中能够人才辈出。在建筑学上，亭子以

歙县许村大观亭

及塔上为“重珠”顶的这种营造手法，体现了古人的审美意识和追求，也为后人研究古建筑留下了宝贵的资料。

竹山书院里的八角亭，飞檐画梁，八面玲珑。亭子共有三层，在外观上，八条垂脊末端飞檐翘角，角下悬金色雀铃，微风吹过，铃音回响，不绝于耳。八角亭的南面下悬“贯日凌云”四字金匾，亭内藻井、梁枋的彩绘依然清晰。金匾旁的两根立柱上，镌刻着清朝户部尚书曹文埴撰写的楹联：“扶君臣朋友之仑，心悬日月；证豪志圣贤之果，道在春秋。”这副楹联在一定程度上反映了曹文埴对自己的评价。

歙县许村也有座八角亭，也叫大观亭，在村口的廊桥附近，建于明嘉靖年间，后经多次重修，亭子的平面呈八角形，亭分三层，一、二层各有八个飞翘的檐角，三层为虚阁，四角歇山顶，街道从底层中心穿过。秀颀雅致的八角亭，与西侧的高阳桥、北侧的“双寿承恩坊”、“五马坊”，组成许村独特的人文景观。自明朝以来，许村人才辈出，无论是文人墨客还是巨商大贾，都喜欢玩赏风雅之事，八角亭的二层，便成了村里人展览、评赏宋元书籍、墨宝法帖、奇珍异品的

地方了。亭内啧啧声不断，亭外贩夫走卒穿亭而过，川流不息，更远处，是隐现在云丛中的天都、莲花峰……一轮明月静谧地升起在纤尘不染的天幕上，树影斑驳，高低错落的马头墙沐浴在温柔的月色中，许村的文人雅士们依然兴致高昂，看着琳琅满目的宝物，已然忘我了。

在合铜黄公路经过的黄山区，甘棠老街附近，耸立着一座六角形的古亭，这就是典雅厚重的甘棠六角楼，通高为23米，分为三层，砖木结构，基座采用黄山红条石砌成的，第一层由花岗岩石砌成台基，四周石栏嵌有17块青石浮雕，雕有山水、人物和飞禽走兽，构图生动，雕刻精致。第一层楼身由花砖墙和圆形砖窗组成，每面墙上都有砖砌彩绘额枋，图案有荷花鹭鸶、丹凤朝阳等。二、三层均有木雕花栏杆。二层上有四个长方形窗和一个月门，月门四周彩绘福寿双全角花。三层楼顶有藻井，彩绘了牡丹、福禄、花果和龙。楼顶为陶制葫芦瓶，三层六面屋脊共有鳌鱼、麒麟、吼等72只脊兽。每层檐角均悬挂风铃。整个建筑古朴典雅，气势巍峨。

甘棠六角楼原名叫太宇楼，是明万历年间太平儒生崔宪捐资倡建的，后来毁于一场大火，明末时期地方上的人又捐资重建，将原先的八角楼改为了六角楼。六角楼后面有条月湾河，河上有单拱的锁桥和单条石的钥桥，两座桥都用铁链系在六角楼后的石桩上，据说这样就可以锁住甘棠村的风水了。

作为一个村口亭，六角楼忠心耿耿地“镇守”着一方气脉，同时它还扮演着“龙头”的角色，将月湾河岸边的甘棠村原有的庙宇、祠堂、牌坊等古建筑，连接在了一起。当年，六角楼也供奉着文昌帝君，旧时当地的儒生学子，每逢农历二月初八，便从四面八方来这里聚会，挥毫泼墨，吟诗作赋，纵古论今，并参拜楼内供奉的文昌帝位，祈求金榜题名。六角楼，也就成了“文昌阁”。

事物往往是多面性的。徽州的古亭，如果单纯地从一个角度去观察，难免失之偏颇。在类别的划分上，徽州的古亭有不少是综合性的，有的亭子既是水口亭，也可能是景观亭，还可能是路亭、观景亭。黄山和齐云山风景区曾有不少古代的观景亭。顾名思义，这类亭子是为了观景需要而建的。

自古以来，在黄山的盘山道旁的合适位置与角度，历代都建有观景亭，以方便游人欣赏美景，同时也好停顿休息。据记载，黄山曾有古亭阁 50 多座，大部分没有保存下来。现存年代最早的观景亭，位于美蓉居与松谷庵之间的松谷亭，原来这里的亭子，在明嘉靖十八年(1539)被山洪冲毁，到嘉靖二十四年(1545)得以重建于乌龙潭上方的巨石上，站在这个亭子中，可以眺望松谷庵的四周风景。黄山最有名的观景亭，是位于黄山西海门的排云亭，它建于 1935 年，年份不长。至于曙光亭、翼然亭、观瀑亭，在时间上，也不甚久远。

同文昌阁一样，旧时各地建立的魁星阁，大多是为了供奉和对应所谓天上主管文章的文曲星。绩溪县石家村的魁星阁，却是一座寓意比较复杂的亭子，它曾作为徽州古亭的一个典型，被列入有关专业性的建筑书籍，也得到多位国内外建筑专家、大学教授的瞩目。

魁星阁坐落于石家村村口南山桥的东端。清乾隆十六年(1751)，北宋开国功臣石守信第 27 代孙石承谟建造这座亭阁时，既希望能够激励族中子弟，也希望能够有朝一日推翻清朝统治。相传石氏一族到了清代，为统治者所猜忌和打压，失去了名宗望族的地位，他们的后裔对于爱新觉罗氏非常痛恨，于是就在魁星阁上大做文章，蕴含“反清复明”的深意。

魁星阁为歇山顶，石柱粉墙，鸱吻高翘，四角悬铃，脊兽排列，顶置葫芦。阁基 4 尺见方，高 2 尺，较阁楼少 2.5 尺，寓意是明在上、清在下，明强清弱。楼顶采用七分水法，四面落檐，显示明朝最盛时期。落地檐水 17 尺，象征明代 17 朝皇权。楼台四角离地 19 尺(共 76 尺)，每方用椽 50 根(共 200 根)，加起来正合明朝 276 年之数。阁正面上方，原有一块横匾，上题“魁星阁”三字。匾的上方还有一尊魁星像。阁左侧有一长 6.6 米，宽、高都为 3.3 米的土石平台，据说这是象征石家村始祖、北宋开国元勋石守信的帅印。平台中间栽有一棵枫树，犹如印钮。这座楼阁式的亭子，在政治上并没有什么实际意义，但石家人读书的氛

围却从此浓厚起来了，涌现出了一批人才。

在徽州，过去一般是五里一亭或者是十里一亭，有的跨路而建，有的倚路而筑。建路亭是为了供人休息、饮水、避雨等，给人以方便，古时行善者还常在路亭里摆放茶水，供来往的人们饮用，这类似于桥亭和岭亭。

道教胜地齐云山上也有不少路亭。登封桥过后，茂林之中的九里登石级路，是条曲折幽深的香道。明代齐云山道教鼎盛时，为方便香客朝拜，在这里建有13个路亭，后来大都塌毁了，上世纪80年代重修了步云亭、登高亭、松月亭、凌风亭、海天一望亭、望仙亭。当初兴建亭子，既为路人遮风挡雨，也是为聚气补缺所需要。为什么这么说呢？因为在中和峰与望仙峰之间，豁口较大，在道教看来，有泄气之嫌，于是便在此建了一座望仙亭，自以为就解决了问题。

在婺源晓起村，由下晓起往上晓起的青石板古驿道上，有个茶亭，名叫晓和亭，亭旁有棵古树，浓阴蔽日。在夏天，人们走了很长的路后，到这里歇息时，可以喝着亭中提供的免费茶水。相传很久以前，有位眼瞎的老太在这里专门为来往的过路人义务煮茶水，她死后，人们捐钱安葬了她，为了纪念她的义举，又在她曾经煮茶水的地方建了个亭子。

还是在婺源，由古村庆源，到当地最大的水库"段莘水库"之间，有条千年古驿道，也是青石板铺筑的，大约10里路，每5里就有一个古亭，亭旁有一个饮水处，山泉顺着竹筒流入一个石凿的小池，旁边插着两个竹筒，供路人饮用。

"善化亭"是徽州有名的路亭之一。它原坐落在歙县许村的一条路旁，始建于明嘉靖三十年(1551)，由当地人许岩保捐资修建，目的是供行人避雨小憩。今天的人们从名字也能揣测出，亭子的建造者，是想行善积德。1984年，善化亭迁到了徽州区"潜口民宅"群落，立放在登山道上。

善化亭平面为方形，石柱，木架，瓦顶，四角高翘，诸檐皆飞，亭体不大，四柱居空不倚，两旁置有长条石凳，游客可以在亭中休憩、玩耍。亭脊梁横木仍留有建亭时的对联：阳春有脚九重天上行来，阴德无根方寸地中种出。另外，还有一副哲理对联：走不完的前程，停一停从容步出；急不来的心事，想一想暂且丢开。

潜口民宅明园中的善化亭

位于休宁古城岩的古亭

风景秀丽的率水河畔，休（宁）婺（源）古驿道上，矗立着一座造型典雅的凉亭，这就是现存的徽州比较有名的“还金亭”，这也是一种跨街的路亭。还金亭始建于明崇祯七年（1634），重建于民国十七年，距今已有400多年的历史。相传，明朝初年，来自婺源的两个人，不慎将银两遗落在这里，被当地人吴清捡到，他拾金不昧，坐等三天三夜，终于等到返回寻找的失主。后人为纪念吴清拾金不昧的精神，就在这里修建了还金亭。还金亭雕梁画栋，飞檐翘角，由8根红砂石柱支撑，亭内铺设的石板齐整完好，竖有两块碑刻，一块为“重建还金亭记”，记载着重建还金亭的由来，另一块为“重建还金亭收支总碑”。

徽州还有一些属于纪念性的古亭。位于歙县棠樾牌坊群景区的骢步亭，古朴庄重，是纪念汉代御史鲍宣而建的，建造亭子的是明隆庆年间任贵州都匀知府的棠樾人鲍献书，以及他的侄子鲍元臣。“骢步”典出《列异记》，用来做亭子的名字，建造者显然是想表明自己心存祖道，乐善好义，希望前程看好。骢步亭为单檐攒尖方亭，甬道贯通东西，南北两边有石凳，门额上的“骢步亭”隶书，据说是出自清代

休宁溪口关帝庙边的古亭

书法家邓石如手笔。

诗仙李白一生纵情山水，浪漫飘逸。唐天宝年间，李白飘然而来，他十分想见隐居30多年的徽州名士许宣平，相传许宣平有辟谷术，驻颜有方，行如奔马。无奈，名头很大的李白也无缘得见，遍访不到，于是一个人跑到歙县城西的新安江边，呼酒买醉。后代有好事者，就在李白饮酒的地方，建起了一座亭子，名叫太白楼。太白楼现存楼阁为明代所建，清代重修过。楼由前后两部分构成，前楼平面呈凸字形，歇山顶，高瓴重檐，翘角昂起，鳌鱼高跃。楼檐下悬“太白楼”三字匾额；后楼为五开间，中三间为明堂，左右各一厢房。太白楼内陈列有历代碑刻、古墨迹拓片，以及古今名人楹联佳句。

位于黄山夫子峰北麓碧山村头的“问余亭”，也是为了纪念到此一游的李白。相传，李白到碧山寻访当地名士胡晖，因为不熟悉路况，就在碧山村头向人们打听，后人就在李白问路处，建起了问余亭。李白在碧山所作的《答山中人》诗中，首句就是“问余何事栖碧山”。问余亭内有两副楹联，“溪水流声，十里笙歌从地出；山峰拱秀，千年图画自天开。”——据说这副是李白写的楹联，另一副为胡晖所写：“绿柳桥边山径，青莲马上诗机。”

在一幅幅充满诗情画意的图卷中，玲珑剔透的徽州古亭，就是这样承载了几多传说、几多往事。徽州的古亭，从出现的那一天开始，就有着徽州的胎记，历经千百年，蔚然形成了徽州气象，和徽州古民居、古祠堂、古牌坊、古书院等建筑，已然奏响了一曲传颂古今的和谐乐章。

后记

一本书的后记，一般写起来是比较轻松的事，因为之前一直是“紧”的状态，到这里终于可以“松”了。这好比一个在农田里劳作的人，活干完了，便长长地呼一口气。

但，我们并没有感到多少轻松。

完成本书第一稿的时候，是去年底今年初，南方的大雪，让我们猝不及防，按部就班的生活节奏一度被打乱。其时，为实地考证，并补充一些资料，我们不顾冰天雪地，前往黄山市所辖的一些地方，在那里，前后呆了有半个多月时间，尽管寒风割面，我们仍坚持早出晚归，仔仔细细地观察、研究建筑实体，尽可能地不疏漏一些重要的徽州古建筑。

到徽州，已记不清有多少次了。每一次也都有些体会和发现。徽州是需要不断地发现的，因为她蕴藏的东西太丰富，不是一个时代的人就能钻研得了的，也不是靠一两个人的力量就能穷尽的。到底是什么让徽州丰瞻多姿呢？似乎是，一千个人有一千种说

法。在旧时，山清水秀的徽州就是一个让人好奇的地方，不仅文人墨客不断地前来探访，就是本地的文化人也在试图梳理和探究这个地方的根系与气场。

还是说一说在徽州的一次经历吧，——这一次的经历曾被我们反复说起，至今还觉得美好、有趣。那是3年前，我们行走在徽州的山水间，看了不计其数的古民居、古桥、古亭，眼望着一汪又一汪的清水塘或者平缓的河流，我们的身心完全松弛了，后来投宿在一个号称徽州最美丽的廊桥边，傍晚时分，循着哗哗的水流声音，我们穿过一片绿油油的菜地，来到桥边，看到七八个孩子光着屁股在桥下的水中嬉戏，他们一会从岸上“扑腾、扑腾”地跳下，一会在水中扎着猛子。看他们快活的样子，我们也忍不住换了衣服，钻入清澈的水中，感受难得的放松和亲水之乐。后来，我们上了岸，在廊桥一端的老水车旁，慢慢地喝酒、聊天，晚风习习，凉爽无比。

可以说，这是一趟兼有“灰色之旅”和“绿色之旅”的文化旅程。满眼的徽州建筑，主色调是灰的；而徽州建筑是安卧在青山绿水中的。在山水中，古朴的徽州建筑给人的感觉是活的，有生趣的。

在徽州行走的日子里，我们也感到了不安和忧郁。眼见着一些古村落的水系被污染、破坏，一些河流被垃圾塞得满满的，我们且走且叹。

1931年，绩溪的地方贤达人士余亚青等42人，准备在城区建一个“址源公墓”，于是请当时的绩溪籍名人、著名学者胡适作为发起人，并请他撰写墓启。当年的5月4日，胡适撰写了大约400字的墓启，在墓启中，胡适写道：“徽州是风水之学的中心，所以坟地也特别讲究。徽州的好山好水都被泥神和死人分占完了。究竟我们徽州人民受了风水多少好处呢？我们平心想想，不应该及早觉悟吗？不应该决心忏悔吗？”胡适的这段文字在当时是有所指的，当然也说得有些“过”了（如“徽州的好山好水都被泥神和死人分占完了”一句）。不过，在今天，人们也应该反问一句：难道好山好水最终被垃圾侵占完吗?

这，或许是杞人忧天。

当下，“徽州文化热”方兴未艾。越来越多的人对徽州，尤其是地表上可以观赏的古建筑感兴趣。徽州古建筑的研究、保护、开发和弘扬，也成为了一个热点话题。有一段时间，人们议论着那些流失到外地的徽州古建筑构件，感叹之余，又显得无可奈何。时间只是推倒、蚕食徽州古建筑的一只手，另一只手，正是贪图私利的人伸出来的。幸而，后者得逞的机会将越来越少。

在某种意义上，《发现徽州建筑》是为徽州古建筑所作的“家谱”，既有存档的现实需要，也有为此物“立牌保护”的意思。在这本书里，许多不复存在的古建筑，也被一一“点名”或介绍。当然，它也不是“全本”，尚有大大小小的一些古建筑，没有被列入进来。出于成书的需要，我们只能有所取舍、侧重。

说起来，这本书的出现，是有缘由的。2007 年，我们接受了一项任务，为文化部全国文化信息资源共享工程安徽省级分中心一个专题纪录片撰写脚本。脚本形成后，在此基础上，我们进行了大量的调整和补充，最终形成了一个比较成熟的书稿。我们的目的，是想为徽州多整理一点资料，多引起一些人的重视，多宣传一下安徽。在我们写作过程中，承蒙安徽省文化厅、安徽省图书馆、安徽省考古研究所、安徽大学等有关方面的专家、教授的帮助，合肥工业大学出版社的资深编辑朱移山先生为本书的出版付出了心血，在此一并致谢。

在本书即将付梓时，我们的心灵再一次遭受震荡。汶川发生了

大地震,近一个月来,我们的心始终是"揪"着的。对遇难的同胞,对灾区坚强挺立的兄弟姐妹,对参与抗震救灾的人们,我们日日夜夜牵挂着,也力所能及地出一份力,并通过所在媒体,报道抗震救灾一线的情况,等等。

《圣经》中记载,大洪水之后,空中出现了彩虹,作为造物主与人立约的标志。人类在这盟约中,有祝福,也有职责。而担当的职责"就是怀着感恩的心,爱惜这个地球,以良善的法则治理看顾这个世界"。现在,我们的行动就是,用怜悯、良善、宽容等眼光和情怀,去爱这个地球,爱这个世界;爱我们的同类,爱我们创造的文化。

作 者

2008 年 6 月 8 日